Mitteilungen des Hydraulischen Instituts der Technischen Hochschule München

Herausgegeben vom Institutsvorstand

D. Thoma

Dr.-Ing., o. Professor

Heft 2

mit 88 Abbildungen

Druck u. Verlag von R. Oldenbourg · München u. Berlin 1928.

Vorwort.

Bei der Herausgabe dieses zweiten Heftes der Mitteilungen muß vor allem der Notgemeinschaft der Deutschen Wissenschaft für die tatkräftige Unterstützung gedankt werden, die sie dem Hydraulischen Institut gewährt hat; die Unterstützung ist bei allen in dem vorliegenden Heft enthaltenen Arbeiten, mit Ausnahme derjenigen von Kirschmer und Vogel, wirksam gewesen. So ist die Hoffnung, welcher im Vorwort des ersten Heftes Ausdruck gegeben wurde, sehr bald erfüllt worden.

Die Untersuchungen, über die Kirschmer berichtet, sind von dem neugegründeten „Forschungsinstitut für Wasserbau und Wasserkraft in München" durchgeführt worden; die Aufnahme des Berichtes in das vorliegende Heft ist durch den Umstand veranlaßt, daß die Modellversuche im Hydraulischen Institut und mit Benutzung der dort vorhandenen Erfahrungen und Anschauungen durchgeführt worden sind; zudem schließt sich ein wichtiges Ergebnis der Arbeit glücklich anderen, von Mitarbeitern des Instituts ausgeführten Untersuchungen an.

Ein vorwiegend in der Richtung der reinen Physik orientierter Leser wird bei der Durchsicht der Mitteilungen vielleicht darüber erstaunt sein, daß wiederholt über unerwartete Erscheinungen berichtet wird, ohne daß eine Erklärung für sie gegeben wird; ja daß nicht einmal versucht wurde, durch Eindringen in die Einzelheiten der Vorgänge eine Erklärung zu finden. In diesem Erstaunen tritt die Verschiedenheit der Zielsetzung des reinen Naturforschers einerseits und des Ingenieurs anderseits zutage. Jener wird sich, unbehelligt von den Nöten des Ingenieurs, Zeit lassen; er wird einen gegebenen überraschenden Tatsachenkomplex in einfache Bestandteile zergliedern und diese zuerst für sich und dann in ihrer gegenseitigen Beziehung untersuchen, mit dem Ziel, die Erscheinungen auf einfache Elementargesetze zurückzuführen. Der große Wert eines solchen systematischen Vorgehens soll nicht bestritten werden, wenn auch die als letzte Triebfeder wirksame Hoffnung, den Urgrund der Dinge aufzuspüren und letzte Erkenntnisse zu erreichen, immer wieder enttäuscht wird; jenes Vorgehen wird in manchen Fällen schließlich auch zu einer besonders guten praktischen Beherrschung der Vorgänge führen. Der Ingenieur anderseits erblickt einen wesentlichen Vorzug seiner Modellversuche gerade darin, daß die praktische Anwendung der Ergebnisse, und zwar eine solche mit voller Sicherheit, auch dann möglich ist, wenn die inneren Zusammenhänge noch nicht vollständig erkannt sind; so wird er — die Untersuchungen der Einzelheiten nötigenfalls verschiebend — seine Ergebnisse durch Veröffentlichung der Allgemeinheit zur Verfügung stellen. Im Hinblick auf die erheblichen Werte, welche durch Nutzbarmachung von Versuchsergebnissen häufig gewonnen werden können, wird meistens sogar eine möglichst baldige Veröffentlichung wünschenswert sein.

Rücksichten dieser Art waren es auch, welche mich trotz mancher Bedenken dazu veranlaßt haben, über noch nicht vollkommen abgeschlossene Untersuchungen in der Form vorläufiger Mitteilungen berichten zu lassen. Ausführliche Berichte über die betreffenden Untersuchungen, welche den Fachgenossen auch eine Kritik der Untersuchung ermöglichen sollen, werden in ausgereifter Form in den späteren Heften gebracht werden.

München, im September 1927.

D. Thoma.

Inhaltsverzeichnis.

Druckfehlerberichtigung für Heft I.

Seite 79. Die Gleichung für ν muß lauten:

$$\nu = \frac{0,0178}{1 + 0,033679\,t + 0,00022099\,t^2}\ (\text{cm}^2/\text{s}).$$

Abbildung 7. Die Bezifferung der Ordinaten muß um 0,1 kleiner sein. Beispielsweise ist für $\dfrac{v \cdot d}{\nu} = 10\,000$ der richtige Wert von $\lg(100 \cdot \lambda)$ annähernd gleich 0,5

Untersuchung der Überfallkoeffizienten für einige Wehre mit gerundeter Krone[1].

Vergleich zwischen Modell und Wirklichkeit. — Ein Beitrag zur Kritik der Überfallmessung.

Von

O. Kirschmer,

Vorstand des Forschungsinstituts für Wasserbau und Wasserkraft e.V. München.

Gliederung.

1. Einleitung. Zweck der Versuche.
2. Beschreibung des Bauwerks im einzelnen.
3. Versuchsgerinne und Meßeinrichtungen.
   A. Das Versuchsgerinne.
   B. Die Meßeinrichtungen.
   C. Die Genauigkeit der Versuche.
4. Übersicht über die durchgeführten Versuchsreihen.
5. Ergebnisse der I. Versuchsreihe.
   A. Voruntersuchungen.
   B. Diskussion der Ergebnisse der Hauptversuche.
   C. Vergleich der μ-Werte für die einzelnen Wehrformen.
6. Ergebnisse der II. Versuchsreihe.
7. Schlußbetrachtung: Vergleich der Ergebnisse der Modellversuche mit denjenigen am ausgeführten Bauwerk.

1. Einleitung. Zweck der Arbeit.

Die erste Aufgabe, die das neu gegründete Forschungsinstitut für Wasserbau und Wasserkraft in Angriff nahm, war die Ermittlung der Überfallkoeffizienten für das Absturzbauwerk I im Semptflutkanal der „Mittleren Isar".

Der Semptflutkanal dient, so lange die letzte Kraftstufe Pfrombach noch nicht errichtet ist, als Ablaufgerinne für den Werkkanal der Mittleren Isar. Das Gefälle in diesem Gerinne bis zur Einmündung in die Isar wird in vier Absturzbauwerken überwunden.

Da der Semptflutkanal nur ein Provisorium darstellt, dessen Bau seinerzeit stark beschleunigt werden mußte, wurden für die Absturzbauwerke keine vorherigen Modellversuche gemacht, wie es bei allen anderen wichtigen Bauwerken der Mittleren Isar geschah.

Die Ermittlung der Überfallkoeffizienten für das erste der vier ähnlich ausgeführten Absturzbauwerke erschien aus zwei Gründen wünschenswert: einmal, um aus der Eichkurve des Überfalls auf den Wasserverbrauch der oberhalb liegenden Kraftwerke schließen zu können, ferner um Unstimmigkeiten zu klären, die sich zwischen den Betriebserfahrungen und den Vorberechnungen ergeben hatten. Es zeigte sich nämlich im Betrieb, daß die tatsächlichen Überfallhöhen für die einzelnen Wassermengen größer waren als man auf Grund von Vorberechnungen angenommen hatte.

Für die Vorberechnungen wurden trotz mancher baulicher Abweichungen die von Rehbock[2] angegebenen Formeln für Überfälle mit kreisrunder Wehrkrone, lotrechter Stauwand

---

[1] Eine weitere Veröffentlichung wird unter dem Titel: „Untersuchung der Überfallkoeffizienten und der Kolkbildungen am Absturzbauwerk I im Semptflutkanal der Mittleren Isar" in Heft I der Mitteilungen des Forschungsinstituts für Wasserbau und Wasserkraft e. V. München erfolgen.
[2] Siehe u. a. Weyrauch, Hydraulisches Rechnen, 4. u. 5. Auflage, 1921, S. 197ff.

2

Längenschnitt in der Kanalachse

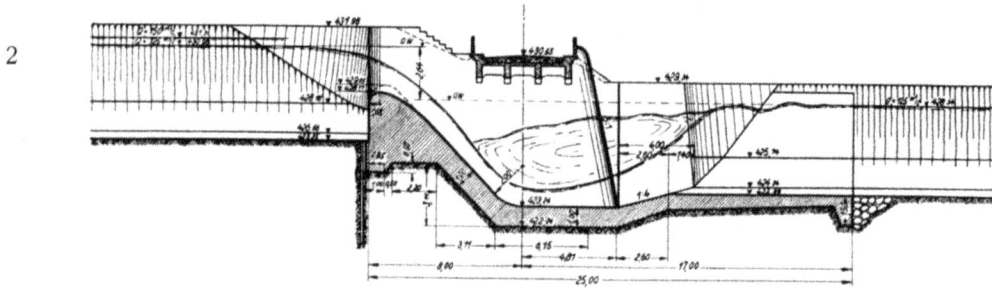

Schnitt und Ansicht C-D vom Unterwasser

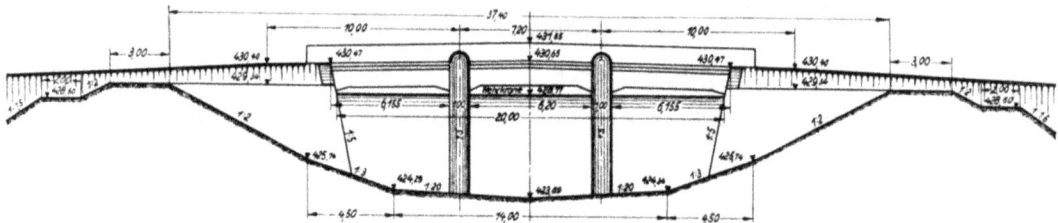

Schnitt und Ansicht A-B vom Oberwasser

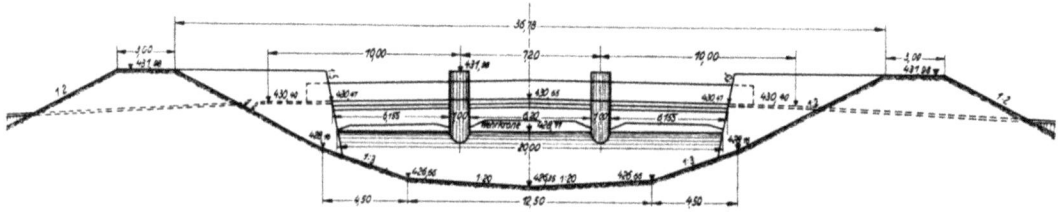

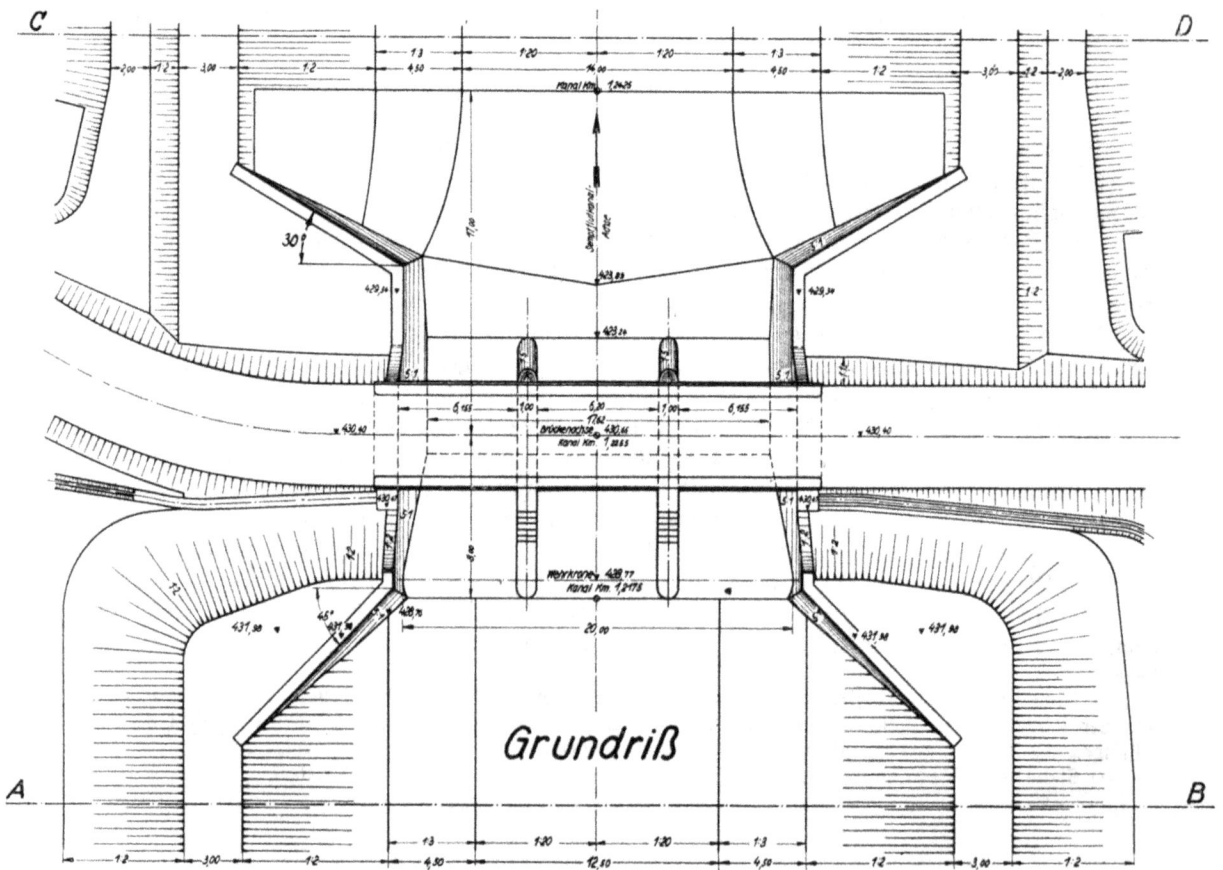

Grundriß

Abb. 1.

und unter 3:2 geneigtem Absturzrücken gewählt. Die Berücksichtigung des Einflusses der baulichen Abweichungen (Einschnürung des Kanals am Überfall, Versperrung eines Teiles der Überfallbreite durch Brückenpfeiler, Neigung des Absturzrückens 1:1) gegenüber den von Rehbock untersuchten Formen, geschah durch einen geschätzten Sicherheitszuschlag. Da die Vorberechnungen den tatsächlichen Verhältnissen nicht entsprachen, mußte die Krone des Absturzbauwerks später um 0,28 m abgenommen werden (s. Abb. 5).

Für die Lösung der Aufgabe erschien es zweckmäßig, neben den Messungen am ausgeführten Bauwerk auch Versuche an Modellen, die dem fertigen Bauwerk nachgebildet wurden, durchzuführen. An diesen Modellen konnte einerseits der Einfluß der erwähnten Abweichungen von den der Berechnung zugrunde gelegten Wehrformen getrennt ermittelt werden, andererseits bot sich Gelegenheit, die Gültigkeit der Modellregel zu prüfen.

Vergleichsversuche zwischen Modell und Wirklichkeit ergaben dabei eine gute, für die Forderungen der Praxis völlig ausreichende Bestätigung der Zuverlässigkeit der Modellregel für den vorliegenden Fall.

Bei den Modelluntersuchungen wurde man aber auch auf Nebenerscheinungen aufmerksam. Es zeigte sich nämlich, daß die für ein und dasselbe Wehr ermittelten Überfallkoeffizienten trotz sehr genauer Meßverfahren starke Streuungen aufwiesen. Zur Klärung dieser Erscheinungen war es notwendig, die Modellversuche weiter auszudehnen, als für den ursprünglichen Zweck der Arbeit beabsichtigt war.

Die Modellversuche zu der vorliegenden Arbeit wurden vom Forschungsinstitut im Einvernehmen mit Professor Dr. D. Thoma im Laboratorium des Hydraulischen Instituts der Technischen Hochschule München durchgeführt.

Über ihre Durchführung und die Ergebnisse soll in den folgenden Abschnitten berichtet werden.

Abb. 2.
Absturzbauwerk I im Semptflutkanal, aufgenommen bei einer Wasserführung von etwa 25 m³/s.

Abb. 3.
Ansicht von der Oberwasserseite.

Abb. 4.
Ansicht von der Unterwasserseite.

2. Beschreibung des Bauwerks im einzelnen.

Die Anordnung und die wesentlichen Einzelheiten des Absturzwerks I sind aus den Abb. 1 bis 5 ersichtlich.

Die gesamte Breite des Überfalls beträgt 20 m, wovon aber 2 m durch Brückenpfeiler versperrt sind.

In ihrer ursprünglichen Form war die Wehrkrone kreisförmig ausgebildet ($r = 0,90$ m); die größte Wehrhöhe (in der Mitte des Kanals gemessen) betrug 2,70 m, die mittlere Wehrhöhe 2,67 m. Später wurde die Kuppe des Wehres um 0,28 m abgenommen und mit einer Parabel an den unter 45° geneigten Absturzrücken angeschlossen.

Am Absturzbauwerk selbst verengt sich der Kanal stark, hinter dem Absturz erweitert er sich wieder auf seine ursprüngliche Breite (siehe Abb. 1: Grundriß).

Bei einer Wasserführung von 125 m³/s beträgt z. B. die Spiegelbreite im Oberwasserkanal rund 37 m, am Überfall verengt sie sich unter einem Winkel von 45° auf 20,5 m (wobei die Versperrung durch die Brückenpfeiler nicht berücksichtigt ist) und erweitert sich gegen das Unterwasser hin unter einem Winkel von 60° wieder auf ihre ursprüngliche Breite von rund 37 m. Der Höhenunterschied zwischen dem höchsten Punkt der Wehrkrone und der Sohle des Tosbeckens ist 5,53 m. Die Absturzhöhe des Wassers, vom Oberwasser- bis Unterwasserspiegel gerechnet, ist bei den einzelnen Wasserführungen verschieden groß; für die Höchstwassermenge von 125 m³/s beträgt sie ∼ 2,64 m.

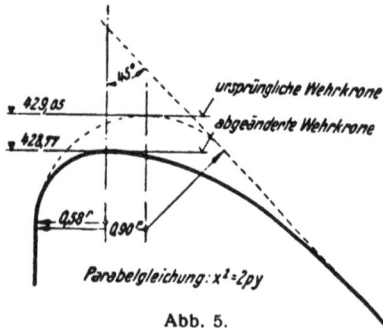

Abb. 5.

3. Versuchsgerinne und Meßeinrichtungen.

A. Das Versuchsgerinne.

In Abb. 6 ist das Versuchsgerinne dargestellt. Es ist aus gut getrockneten 40 mm starken Holzbrettern gezimmert und durch Riegel aus Vierkantholz und Flacheisen von außen her versteift. Um eine sichere Abdichtung gegen Wasserverluste zu erzielen, stand das Gerinne nach Fertigstellung einige Zeit lang mit Wasser gefüllt, wurde dann nochmals genau nachgearbeitet, alle Fugen wurden gedichtet, die Holzwände mit Leinöl getränkt und mehrmals mit Emaillack gestrichen. Dadurch gelang es, die Sickerverluste auf ein für die Versuchsgenauigkeit unschädliches Maß zu verringern; die gemessenen Werte waren durchweg kleiner als 0,1⁰/₀₀ der Versuchswassermenge.

Die Änderung der Abmessungen infolge Quellens und Schwindens des Holzes betrug während der ganzen Dauer der Versuche in der Querrichtung des Gerinnes nur 1 mm, so daß Nachbearbeitungen nicht nötig waren.

Das Wasser für die Versuche wurde dem Gerinne aus einem Hochbehälter mit konstantem Wasserspiegel zugeleitet. Die Änderung der Wassermenge geschah durch Drosseln an zwei in die Zuleitung eingebauten Schiebern. Zur Beruhigung des Wassers beim Zulauf zum Versuchsgerinne dienten zwei in die Steigleitung eingebaute Stauscheiben und mehrere gelochte Bleche vor dem Einlauf in die eigentliche Meßstrecke. Es gelang dadurch, eine sehr gute Wasserberuhigung zu erzielen. Die größten Schwankungen des Oberwasserspiegels wurden bei der verwendeten Höchstwassermenge von 30 l/s zu ± 0,20 mm gemessen. Bei kleineren Wassermengen waren die Spiegelschwankungen entsprechend kleiner und von 10 l/s abwärts mit den vorhandenen Einrichtungen nicht mehr meßbar.

Am Ende des Gerinnes war eine Drehklappe eingebaut, durch deren Verstellung der Unterwasserspiegel beliebig gestaut werden konnte bis zu einer größten Höhe von etwa 20 mm über Wehrkrone.

Um die Beobachtung der Strömungsvorgänge in der Nähe des
Überfalls und im Tosbecken zu
ermöglichen, wurde ein Teil der
e i n e n seitlichen Begrenzungswand
des Gerinnes durch eine 8 mm
dicke Glasscheibe ersetzt. Sie
schloß ohne Stoß an die Holzwand
an und war in Fugen des Holzes
mit je 2 mm Seitenspiel einge-
lassen. Die Fugen wurden mit
Schnüren aus weichem Gummi und
Kitt ausgefüllt. Diese einfache
Verbindung hat sich gut bewährt:
sie war wasserdicht und genügend
elastisch, um ein Zerspringen der
Glasplatte infolge des Arbeitens
des Holzes zu verhüten.

B. Die Meßeinrichtungen.

Zur Ermittlung der Überfallkoeffizienten μ wurden die Überfallhöhen h mit Hilfe eines Spitzen-
tasters, die Wassermengen Q durch
Wägung bestimmt. Außerdem
wurden die Abmessungen des
Wehres (Überfallbreite b und Wehrhöhe w) an jedem Versuchstage
genau nachgemessen.

Der Spitzentaster war auf
einem Schlitten angebracht und
konnte in der Längs- und Querrichtung des Gerinnes verstellt
werden. Die Anordnung ist aus
Abb. 7 ersichtlich. Die Bauart
des Tasters (Fa. Kneller, Karls-
ruhe) gestattete Ablesungen von
0,1 mm.

Die Durchbiegung der Füh-
rungsrohre für den Tasterschlitten,
die zu Fehlern Anlaß geben
konnte, wurde bei jedem Versuch
einerseits durch Abtasten des
ruhenden Wasserspiegels, anderseits durch Abtasten eines auf
dem Gerinneboden genau hori-
zontal aufgelegten Stahllineals ermittelt und bei der Auswertung
der Versuchsergebnisse berücksichtigt.

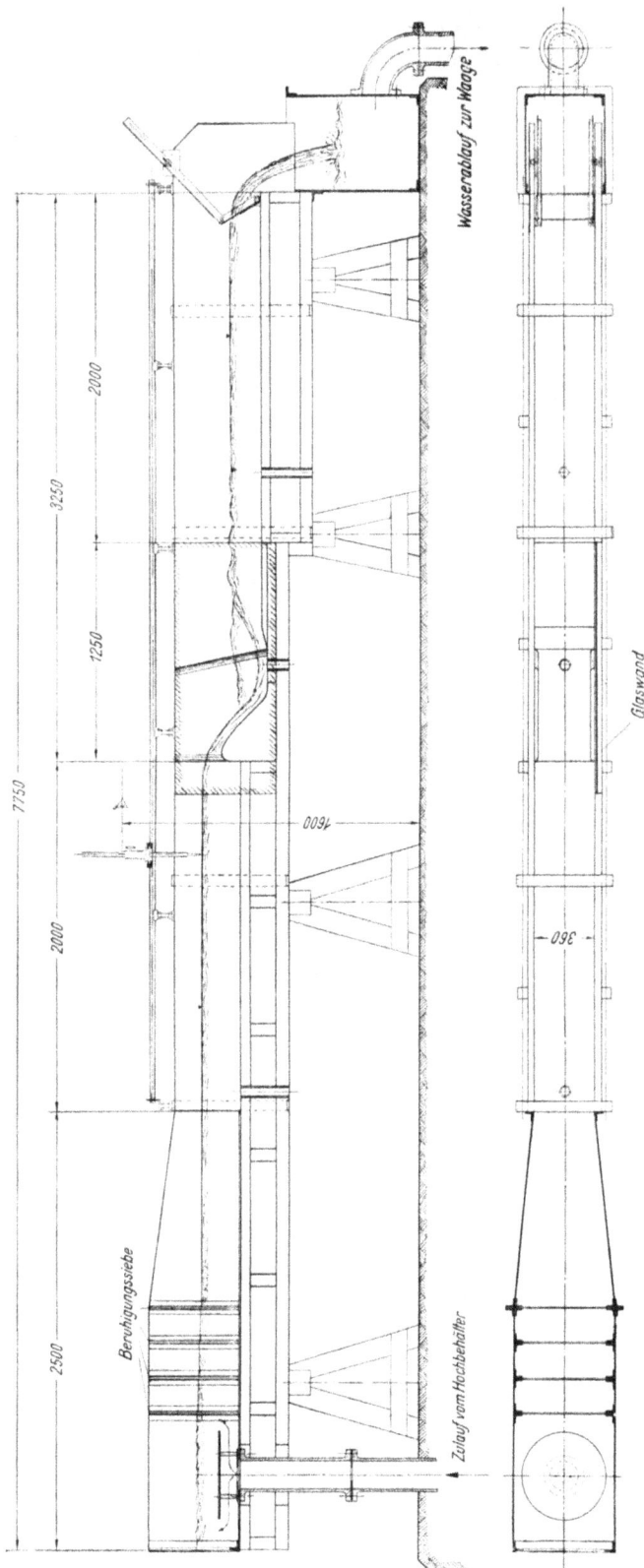

Abb. 6.

Zur Ermittlung der sekundlichen Wassermengen durch Wägung wurde eine Versuchseinrichtung des Hydraulischen Instituts benützt, die Genauigkeitsgrade bis etwa $0,2^0/_{00}$ ergab[1]).

C. Die Genauigkeit der Versuche.

Um ein Bild über die Meßgenauigkeit zu erhalten, wurde im Lauf der Versuche mehrmals für verschiedene Betriebszustände der mittlere Fehler einer Messung errechnet.

Neben der Bestimmung des mittleren Fehlers ist es aber auch wichtig, sich über den möglichen Größtfehler einer Messung und den Einfluß der Einzelfehler an den verschiedenen Meßstellen Rechenschaft zu geben.

Angenommen, die Seitenwände des Überfalls seien lotrecht und parallel, die Überfallbreite $b = 365,5$ mm. Für eine Wassermenge $Q = 19,68$ l/s sei die Überfallhöhe zu $h = 79,86$ mm ermittelt (Mittelwerte von Q und h aus neun Messungen an einem Wehr mit kreisförmiger Krone und einer Neigung des Absturzrückens von 60°).

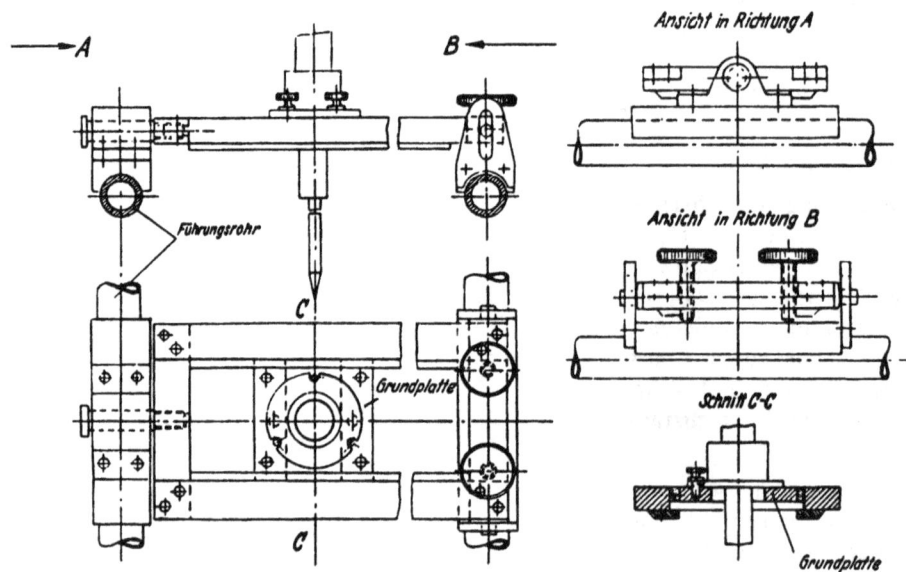

Abb. 7.

Aus den gemessenen Werten ergibt sich dann

$$\mu = \frac{3 \cdot Q}{2 \cdot b \cdot h^{3/2} \cdot \sqrt{2g}} = \frac{3 \cdot 0,01968}{2 \cdot 0,3555 \cdot (0,07986)^{3/2} \cdot \sqrt{2g}} = 0,8079.$$

1. Fehler bei der Messung der Überfallhöhe.

Der größte Fehler in der Tasterablesung kann im vorliegenden Fall 0,2 mm, allerhöchstens 0,3 mm betragen (Schwankungen des Oberwasserspiegels, Ungenauigkeit der Ablesung, Fehler in der Bestimmung der Nullage u. a.). Ist also z. B. die Überfallhöhe um den Betrag von 0,3 mm zu klein gemessen, so wird für $h = 79,56$ mm bei sonst gleichen Verhältnissen der Beiwert $\mu = 0,8125$, was einem Fehler von 0,57% entspricht.

2. Fehler in der Messung der Wassermenge.

War das abgewogene Wassergewicht 1000 kg, so ergibt sich bei $Q = 19,68$ l/s eine Meßzeit von 50,82 s.

---

[1]) Siehe S. 34 dieses Heftes.

Die Empfindlichkeit der Waage betrug $\pm$ 100 g. Berücksichtigt man noch die Fehler durch Ungenauigkeit der Ablesung, Änderung der Tara infolge von kleinen Wasserresten am Boden und an den Seitenwänden des Behälters u. a., so ergibt sich ungünstigenfalls ein Fehler in der Gewichtsauflage von 300 g.

Der größte Meßfehler in der Zeitbestimmung wird zu 0,1 s angenommen, obwohl der merkliche Fehler stets kleiner war. Mit diesen Werten wird unter der Annahme, daß die Wassermenge zu groß bestimmt wurde,

$$Q = \frac{1000,3}{50,72} = 19,72 \text{ l/s}$$

und damit für $h = 79,86$ mm der Beiwert $\mu = 0,8097$ entsprechend einem Fehler von 0,22%.

3. Fehler in der Bestimmung der Überfallbreite.

Beim Abstechen der Überfallbreite b konnte ein Höchstfehler von 0,3 mm entstehen. Ist $Q = 19,68$ l/s und $h = 79,86$ mm, so wird, wenn b um 0,3 mm zu klein ($b = 365,2$ mm) gemessen ist,

$$\mu = 0,8085,$$

was einer Abweichung von nur 0,08% vom richtigen Wert entspricht.

Nimmt man an, daß alle Fehler mit ihrem Größtwert und in derselben Richtung wirken, so erhält man für den Fall, daß Q zu groß, h und b zu klein gemessen werden, als obere Grenze für μ den Wert $0,8149_5$. Die Abweichung gegenüber dem wahren Wert von μ beträgt 0,875% und stellt den größten möglichen Fehler einer Messung dar.

Ähnlich liegen die Verhältnisse bei kleinen Wassermengen.

So war z. B. für denselben Überfall wie oben als Mittelwert aus fünf Messungen für eine Wassermenge $Q = 4,750$ l/s bei einer Überfallhöhe von $h = 34,55$ mm der Beiwert $\mu = 0,6852$ errechnet.

1) Der mögliche Fehler in der Bestimmung der Überfallhöhe beträgt in diesem Falle etwa 0,15 mm. Ist h um diesen Betrag zu klein gemessen, so entspricht dies einem Fehler in der Bestimmung des Beiwerts von 0,66%.

2) Der Gesamtfehler der Wassermessung wird gegenüber dem ersten Fall geringer. Der Fehler in der Gewichtsauflage kann zwar derselbe sein wie früher (300 g), ebenso der absolute Fehler in der Zeitbestimmung (0,1 s), die Meßdauer ist aber von 50,82 s auf 210,52 s gestiegen, so daß der relative Fehler in der Zeitbestimmung wesentlich kleiner geworden ist.

Für den Fall, daß die Wassermenge unter sonst ungeänderten Verhältnissen wieder zu groß bestimmt wurde, erhält man einen Beiwert $\mu = 0,6859$, was einem Fehler von nur 0,13% entspricht.

3) Der Einfluß des Fehlers in der Bestimmung der Überfallbreite, wenn b um 0,3 mm zu klein gemessen wurde, bleibt nahezu gleich wie im ersten Fall (0,08%).

Für den ungünstigsten Fall einer Überlagerung der Größtwerte der einzelnen Fehler in dem Sinne, daß wieder Q zu groß, h und b zu klein gemessen werden, ergibt sich dann als größtmöglicher Fehler einer Messung 0,87%.

Die vorstehenden Überlegungen lassen auch erkennen, daß die größten Fehlermöglichkeiten in der Zeitbestimmung beim Wägevorgang und in der Ermittlung der Überfallhöhen liegen können. Es wurde deshalb gerade auf diese beiden Messungen besondere Sorgfalt verwendet.

In der Tat gelang es auch, den mittleren Fehler einer Messung sehr klein zu halten. Von den im Verlauf der Versuche mehrfach vorgenommenen Fehlerbestimmungen sind im folgenden zwei wiedergegeben:

Große Wassermenge

Messung	h in mm	Q in l/s	μ	$\varepsilon \cdot 10^{-3}$		$\varepsilon^2 \cdot 10^6$
				$+$	$-$	
1	79,6₈	19,65₅	0,8096₇	1,78		3,1684
2	79,6₆	19,62₀	0,8085₂	0,63		0,3969
3	79,8₆	19,71₄	0,8093₆	1,47		2,1609
4	79,9₃	19,66₂	0,8061₄		1,75	3,0625
5	79,9₆	19,69₆	0,8070₉		0,80	0,6400
6	79,8₈	19,66₂	0,8068₈		1,01	1,0201
7	79,8₈	19,72₃	0,8094₁	1,52		2,3104
8	79,9₄	19,76₉	0,8067₂		1,17	1,3689
9	79,9₃	19,68₇	0,8072₀		0,69	0,4761
				5,40	5,42	$\Sigma = 14{,}6042$

$$\text{Mittelwert } Q = 19{,}67_8$$
$$\text{Mittelwert } h = 79{,}8_6$$
$$\text{Mittelwert } \mu = 0{,}8078_9$$

Mittlerer Fehler einer Messung:

$$m = \pm \sqrt{\frac{\Sigma \zeta^2}{n-1}} = \pm \frac{1}{10^3} \cdot \sqrt{\frac{14{,}6042}{8}} = \pm 0{,}001351, \text{ entspr. } \mathbf{1{,}67} \, {}^0\!/_{00}.$$

Kleine Wassermenge

Messung	h in mm	Q in l/s	μ	$\varepsilon \cdot 10^{-3}$		$\varepsilon^2 \cdot 10^6$
				$+$	$-$	
1	34,5₅	4,752₃	0,6856₂	0,42		0,1764
2	34,5₅	4,749₂	0,6851₇		0,03	0,0009
3	34,5₃	4,750₂	0,6853₂	0,12		0,0144
4	34,5₆	4,750₈	0,6851₃		0,07	0,0049
5	34,5₆	4,748₄	0,6847₈		0,42	0,1764
				0,54	0,52	$\Sigma = 0{,}3730$

$$\text{Mittelwert } Q = 4{,}750_2$$
$$\text{Mittelwert } h = 34{,}5_5$$
$$\text{Mittelwert } \mu = 0{,}6852_0$$

Mittlerer Fehler einer Messung:

$$m = \pm \sqrt{\frac{\Sigma \zeta^2}{n-1}} = \pm \frac{1}{10^3} \cdot \sqrt{\frac{0{,}373}{4}} = \pm 0{,}0003054, \text{ entspr. } \mathbf{0{,}45} \, {}^0\!/_{00}.$$

4. Übersicht über die durchgeführten Versuchsreihen.

Um den Anschluß an die schon von anderen Stellen ausgeführten Versuche zur Ermittlung der Überfallkoeffizienten für Wehre mit gerundeter Krone zu gewinnen, wurde zunächst von zwei Wehrformen ausgegangen, die schon von Rehbock und Kramer[1]) untersucht wurden.

Diese Wehrformen wurden dann durch schrittweise Abänderungen in die Form des ausgeführten Absturzbauwerks in seiner ursprünglichen und jetzigen Gestalt übergeführt (siehe Abb. 9).

Dadurch bot sich auch Gelegenheit, verschiedene Wehrformen gegenseitig zu vergleichen.

---

[1]) Siehe u. a. Weyrauch, Hydraulisches Rechnen, 4. u. 5. Auflage, 1921, S. 197 ff.

I. Versuchsreihe: Untersuchung verschiedener Wehrformen. Modellmaßstab 1:20 (s. Abb. 9).

Aus dem ganzen Bauwerk wurde der mittlere Teil zwischen den beiden Brückenpfeilern in Verlängerung der Mittelöffnung herausgeschnitten (s. Abb. 8).

Bei allen Wehrformen war die Stauwand lotrecht; die seitlichen Begrenzungswände waren

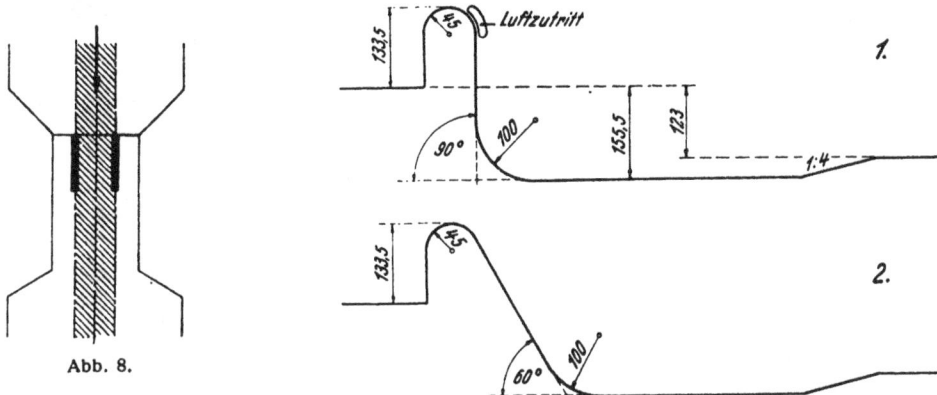

Abb. 8.

Abb. 9.

senkrecht und parallel. Die schwachen Böschungen der Sohle 1:20 im mittleren Teil des Kanals wurden vernachlässigt.

1. Wehrkörper mit lotrechtem Absturzrücken:

a) unbelüftet,
b) belüftet.

2. Wehrkörper mit einer Neigung des Absturzrückens von 60° gegen die Horizontale.

3. Wehrkörper mit einer Neigung des Absturzrückens von 45° gegen die Horizontale.

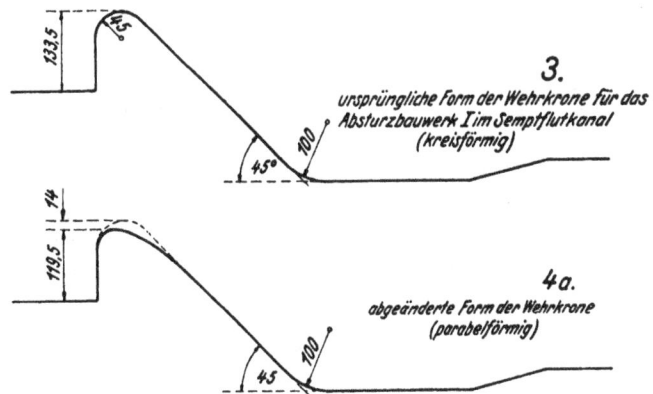

Bei den Versuchen 1 bis 3 waren die halben Brückenpfeiler auf beiden Seiten weggelassen, die Wehrkrone war kreisförmig ausgebildet ($r = 45$ mm), die Wehrhöhe konstant ($w = 133,5$ mm).

4. Wehrkörper mit einer Neigung des Absturzrückens von 45° gegen die Horizontale und parabelförmig ausgebildeter Wehrkrone (s. Abb. 5):

a) ohne Brückenpfeiler,
b) mit je einem halben Brückenpfeiler an den Seitenwänden des Gerinnes.

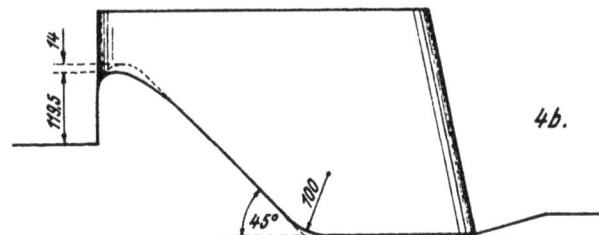

Bei den Versuchen 4 war die Wehrhöhe um 14 mm kleiner ($w = 119,5$ mm) als bei den Versuchen 1 bis 3.

Bemerkung: Wo nicht besonders erwähnt, wurden die Versuche ohne Belüftung durchgeführt.

Abb. 10.

II. Versuchsreihe: Untersuchung eines dem ausgeführten Bauwerk getreu nachgebildeten Halbmodells. Modellmaßstab 1:50 (s. Abb. 1 und 10).

Da das Bauwerk symmetrisch zur Kanalachse ist, wurde im Modell nur die Hälfte des Bauwerks nachgebildet unter Berücksichtigung der Einschnürung am Überfall, der auf den Überfall aufgesetzten Brückenpfeiler und der tatsächlichen Böschungen. Die Wehrkrone ist parabelförmig ausgeführt.

5. Ergebnisse der I. Versuchsreihe.

A. Voruntersuchungen: Einfluß des Unterwasserspiegels.

Da für große Wassermengen der Unterwasserspiegel beim ausgeführten Bauwerk nahezu bis Wehrkronenhöhe ansteigen kann, wurde im Modellversuch zunächst geprüft, ob bei den einzelnen Wehrformen ein Einfluß auf die Größe der Überfallkoeffizienten festzustellen ist, wenn der Unterwasserspiegel mehr und mehr angestaut wird.

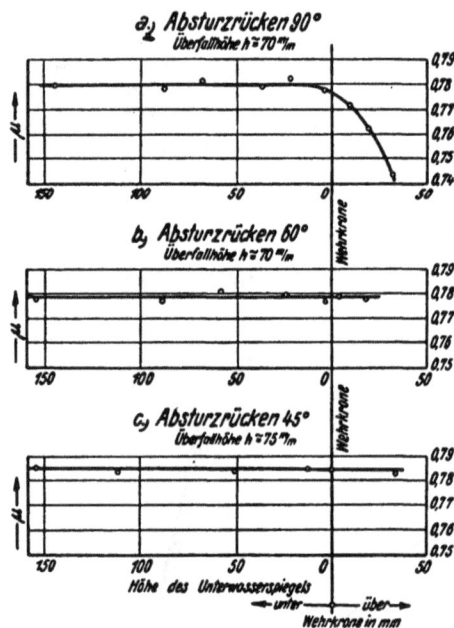

Abb. 11.

Bei allen Versuchen, die für verschiedene Wassermengen durchgeführt wurden, zeigte sich, daß bei den Wehrformen mit unter 60° und 45° geneigtem Absturzrücken eine Änderung der Strahlform und ein Einfluß auf den Beiwert μ auch dann noch nicht zu erkennen war wenn der Unterwasserspiegel etwa bis zu $^1/_3$ der Überfallhöhe über Höhe der Wehrkrone stand (s. Abb. 11b und c, Abb. 12 und 13). Höhere Lagen des Unterwasserspiegels wurden nicht mehr geprüft.

Auch bei Wehrform 1 mit lotrechtem Absturzrücken zeigte sich kein Einfluß des Unterwassers auf den Beiwert, so lange der Unterwasserspiegel mehr als etwa $^1/_7$ der Überfallhöhe unter Wehrkrone stand. Von dieser Höhe ab begann dann der Strahl kurze Zeit zu flattern und löste sich bei weiterem Steigen des Unterwasserspiegels ganz vom Wehrrücken ab (s. Abb. 14 und 15), wobei eine stetige rasche Abnahme der μ-Werte eintrat (Abb. 11a).

Bei den nachfolgenden Untersuchungen zur Ermittlung der Überfallbeiwerte für die einzelnen Wehrformen hatte man also in der Wahl des Unterwasserspiegels größere Freiheit. Im allgemeinen wurde aber für alle Versuche das Unterwasser in gleicher Weise gestaut, so daß auch bei den größten verwendeten Wassermengen der Spiegel noch etwa $^3/_4$ der Überfallhöhe unter Höhe der Wehrkrone stand und daher eine Beeinflussung der Überfallkoeffizienten durch das Unterwasser nicht zu befürchten war.

B. Diskussion der Ergebnisse der Hauptversuche.

In den Abb. 16 bis 21 sind als Ergebnis der Versuche zur Ermittlung der Überfallkoeffizienten die Werte μ abhängig von der Überfallhöhe h für die verschiedenen untersuchten Wehrformen aufgetragen.

Die Schaubilder lassen zunächst bei allen untersuchten Wehrformen auffallend starke Abweichungen der für gleiche Überfallhöhen ermittelten μ-Werte erkennen, Abweichungen, die bei kleinen Überfallhöhen teilweise über 6% betragen[1]).

Die eingangs dargelegten Betrachtungen über die erreichte Meßgenauigkeit schalten die nächstliegende Vermutung aus, diese Abweichungen als bloße Meßstreuungen anzusprechen.

Betrachtet man nun die Versuchsergebnisse im einzelnen, so findet man z. B. bei Wehrform 4b (Abb. 21: parabelförmige Wehrkrone, 45⁰-Rücken, mit Seitenpfeiler) im Bereich der Überfall-

Abb. 12.
Wehrform 3: Unterwassertiefe ∼ 180 mm (∼ 80 mm unter Wehrkrone); Überfallhöhe ∼ 100 mm.

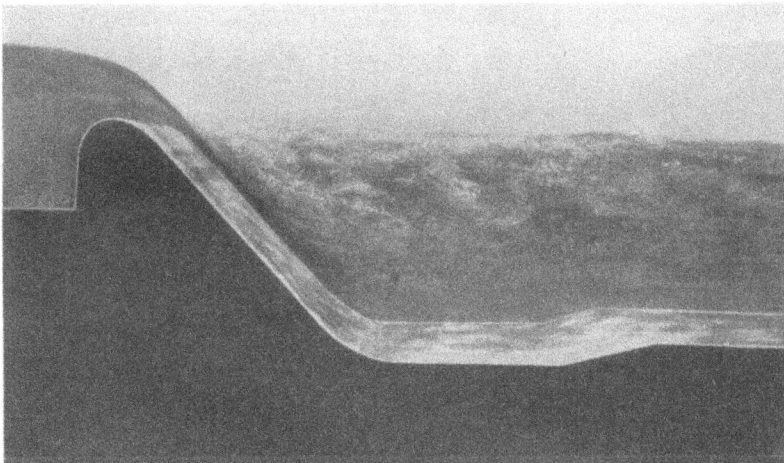

Abb. 13.
Wehrform 3: Unterwassertiefe ∼ 265 mm (∼ 5 mm über Wehrkrone); Überfallhöhe 100 mm.

höhen von 20 bis 60 mm zu jeder Überfallhöhe zwei um durchschnittlich 4% verschiedene Beiwerte. Denkt man sich die hohen und ebenso die niedrigen Beiwerte unter sich verbunden, so erhält man zwei deutlich voneinander getrennte Kurvenzüge, in deren Zwischenbereich keine Meßpunkte liegen. Es war dabei nicht etwa so, daß an einem Tag nur die guten, an einem anderen Tag nur die schlechten Werte gefunden wurden, sondern es kam auch vor, daß an einem Versuchstag in fortlaufender Versuchsfolge beide Werte ermittelt wurden (vgl. z. B. die mit ○ gezeichneten

---

[1]) Ähnliche Abweichungen waren unabhängig von den hier beschriebenen Versuchen auch bei der Eichung eines Meßüberfalls (mit lotrechter, scharfkantiger Wehrtafel) von R. Hailer beobachtet worden (siehe S. 65).

Punkte in Abb. 21 oder die ● Punkte in Abb. 18). Solche Änderungen der μ-Werte wurden häufig beobachtet, wenn man rasch von großen Wassermengen zu kleinen überging und umgekehrt.

Bei Überfallhöhen über 60 mm ändert sich (s. Abb. 21) das Bild insofern, als die Meßpunkte nicht mehr zwei getrennte Kurvenzüge bestimmen, sondern einen bestimmten Streubereich ungefähr gleichmäßig überdecken.

Ganz ähnlich liegen die Verhältnisse auch bei den anderen untersuchten Wehren, von denen Wehrform 3 (kreisförmige Wehrkrone, 45°-Rücken) besonders eingehend geprüft wurde. Be-

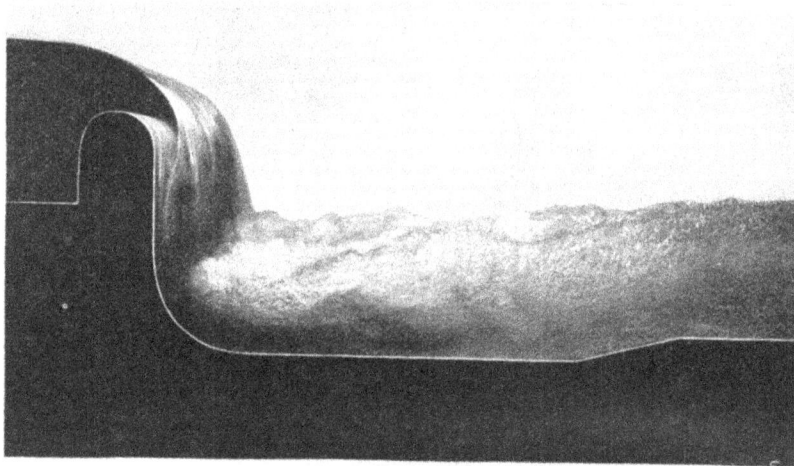

Abb. 14.
Wehrform 1: Unterwassertiefe ∽ 180 mm (∽ 80 mm unter Wehrkrone); Überfallhöhe ∽ 100 mm.

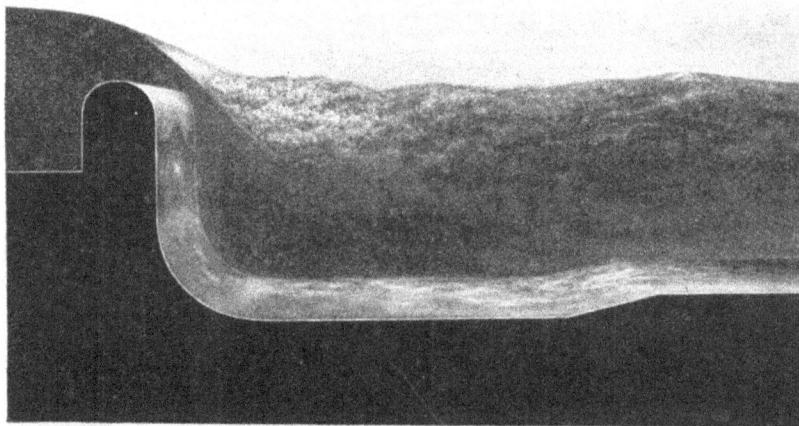

Abb. 15.
Wehrform 1: Unterwassertiefe ∽ 265 mm (∽ 5 mm über Wehrkrone); Überfallhöhe ∽ 100 mm.

trachtet man die Ergebnisse für diese Wehrform (Abb. 19), so gewinnt man auf den ersten Blick den Eindruck, als würde es sich bei den Abweichungen entsprechender μ-Werte voneinander um mehr oder weniger regellose Streuungen handeln. Verbindet man aber die bei den einzelnen Versuchsreihen ermittelten Werte, so ergeben sich, wie die Abb. 19a bis 19f zeigen, Kurven, von denen die zugehörigen Meßpunkte nur sehr wenig abweichen. Die Kurven unter sich aber weisen zum Teil sehr starke Unterschiede auf (Abb. 19g), die bei kleinen Überfallhöhen am größten sind. So entspricht z. B. der Abstand der obersten von der untersten Kurve für 20 mm Überfallhöhe schon einem Unterschied der μ-Werte von über 8%, während die Unterschiede bei größer werdender Überfallhöhe wieder abnehmen.

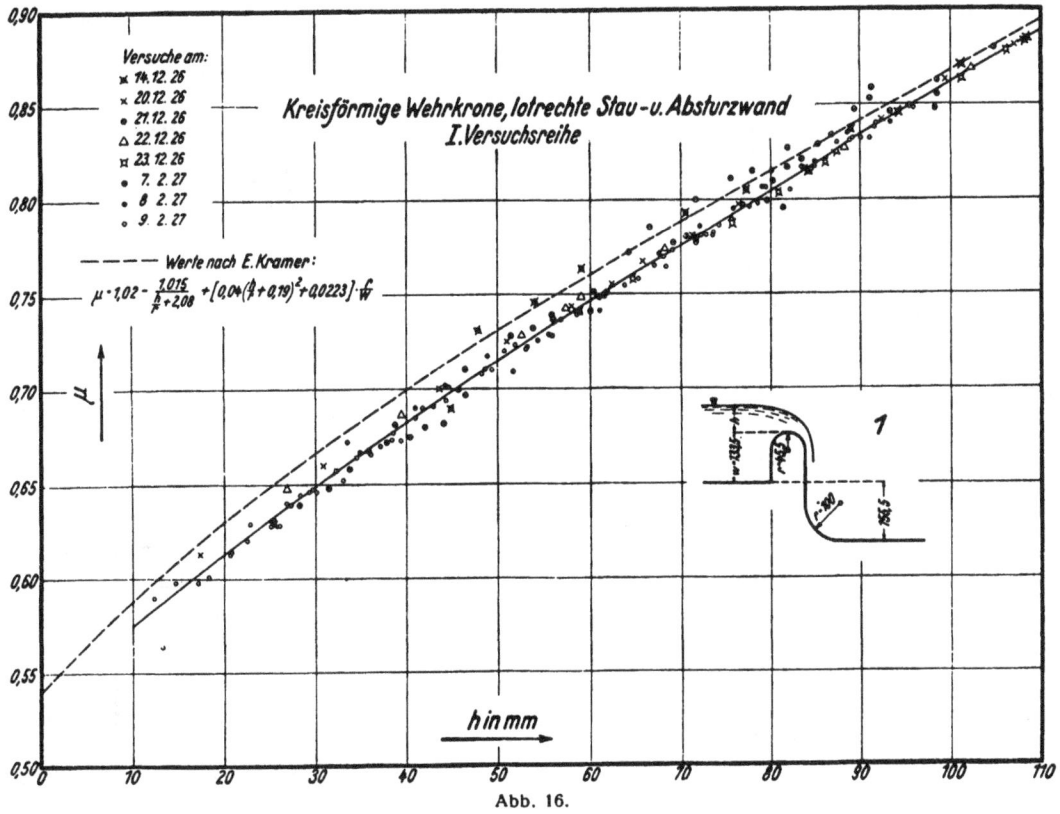

Kreisförmige Wehrkrone, lotrechte Stau-u. Absturzwand
I. Versuchsreihe

Versuche am:
× 14.12.26
× 20.12.26
• 21.12.26
△ 22.12.26
⋈ 23.12.26
• 7. 2.27
• 8. 2.27
○ 9. 2.27

– – – Werte nach E. Kramer:

$\mu = 1{,}02 - \dfrac{1{,}015}{\frac{h}{p} + 2{,}08} + \left[0{,}04\left(\frac{h}{p} + 0{,}19\right)^2 + 0{,}0223\right] \cdot \sqrt{\frac{p}{h}}$

μ

h in mm

Abb. 16.

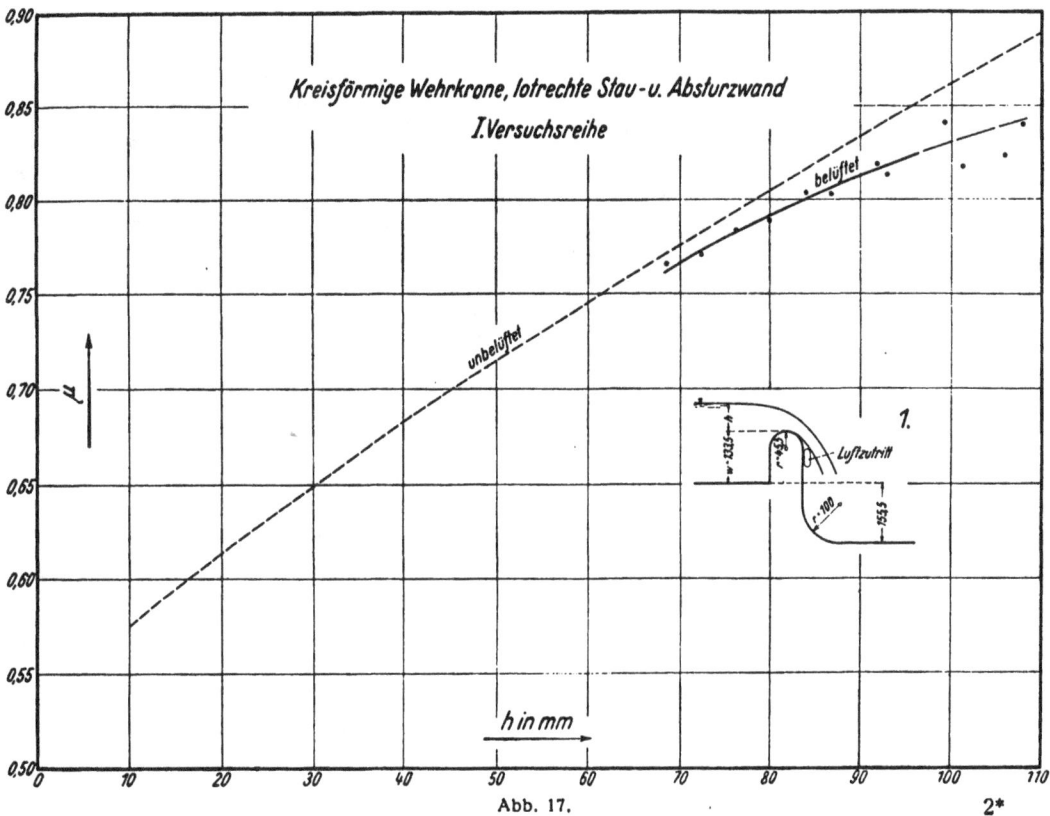

Kreisförmige Wehrkrone, lotrechte Stau-u. Absturzwand
I. Versuchsreihe

belüftet

unbelüftet

Luftzutritt

μ

h in mm

Abb. 17.

2*

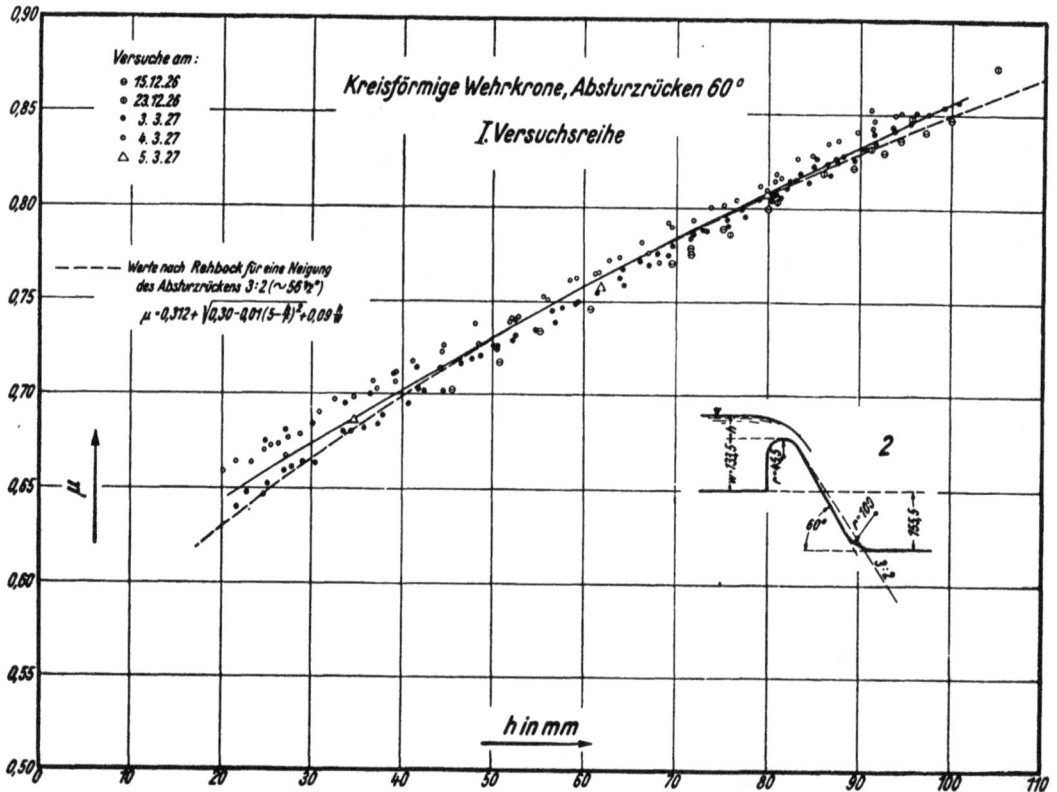

Abb. 18.

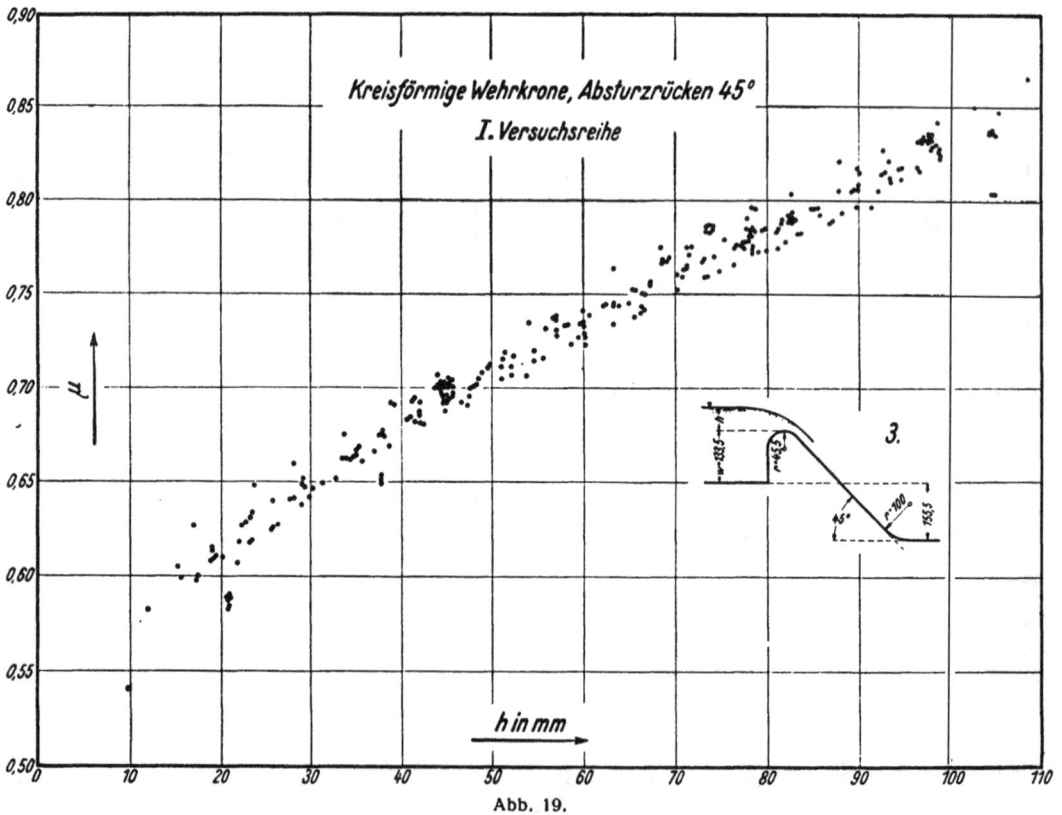

Abb. 19.

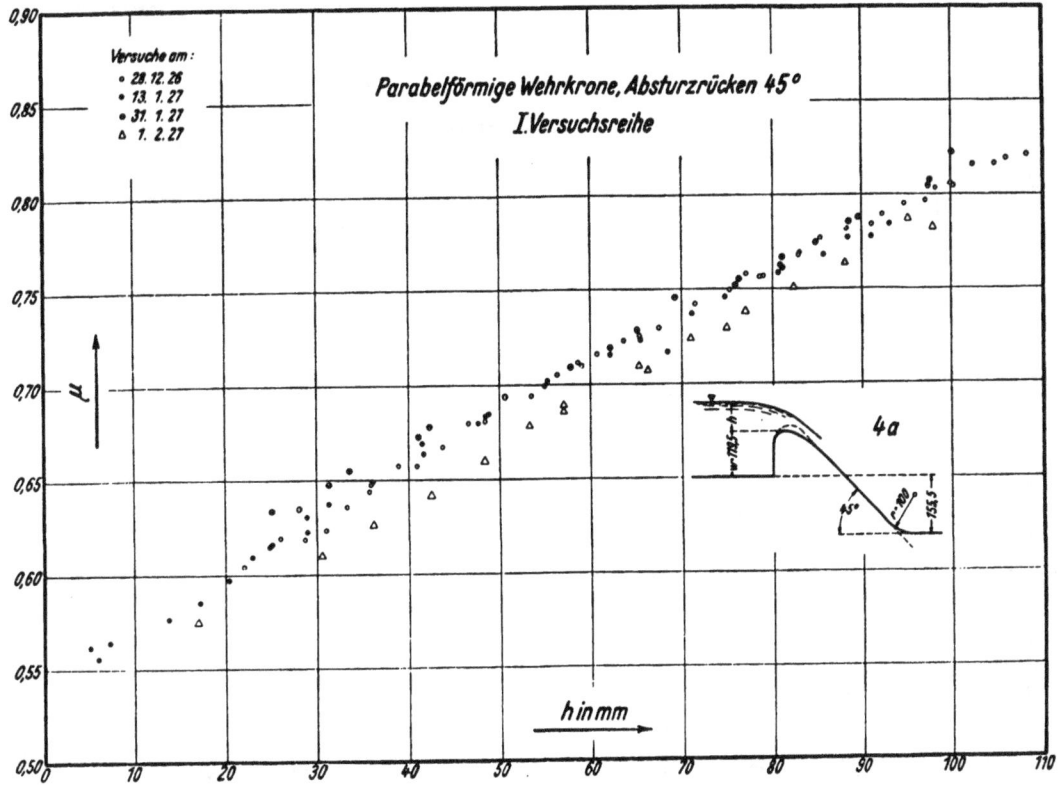

Abb. 20.

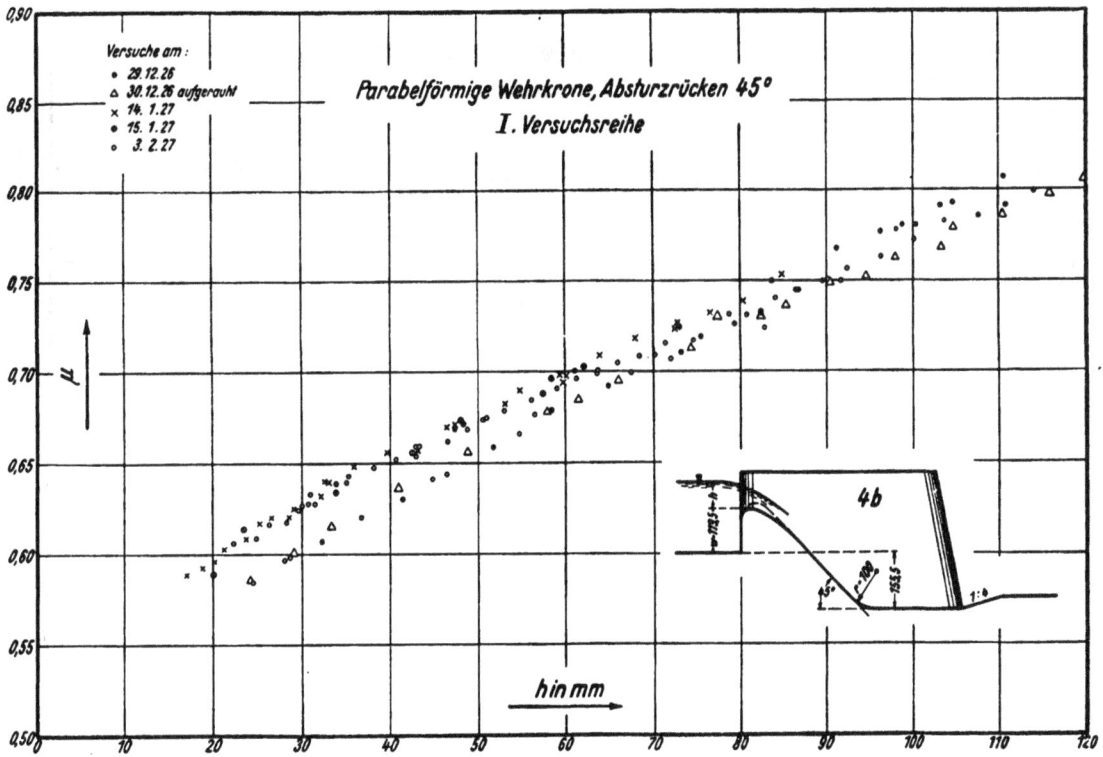

Abb. 21.

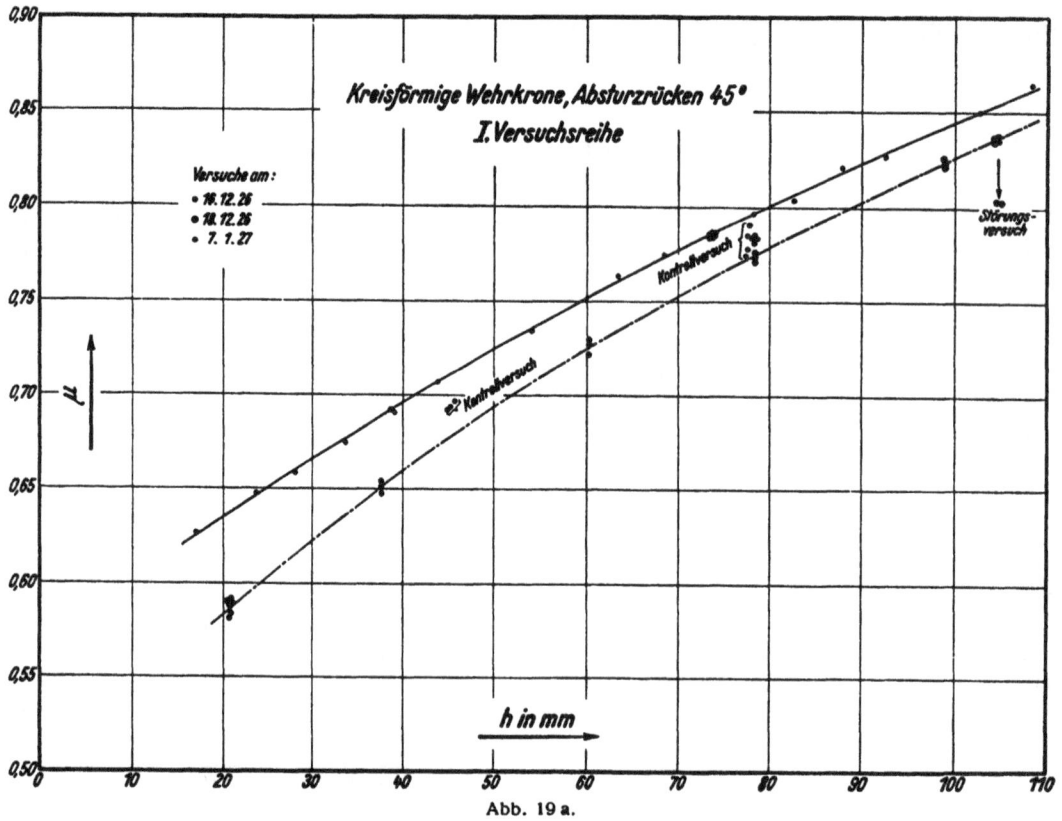

Abb. 19 a.

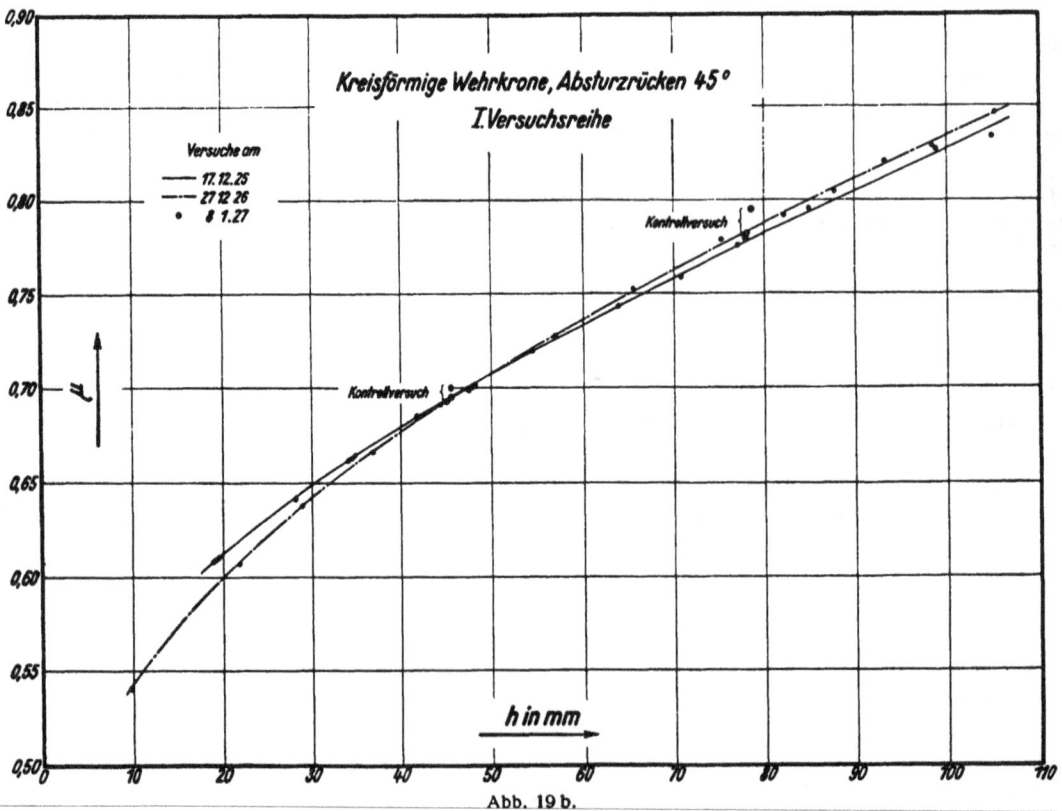

Abb. 19 b.

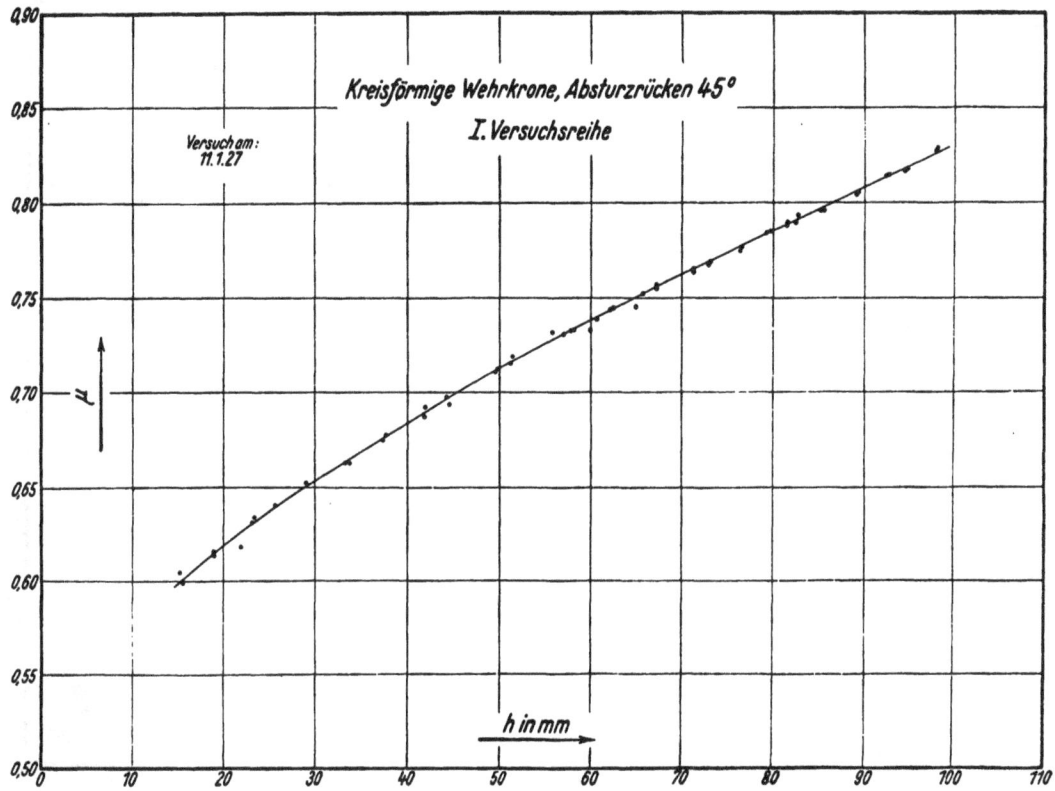

Abb. 19 c.

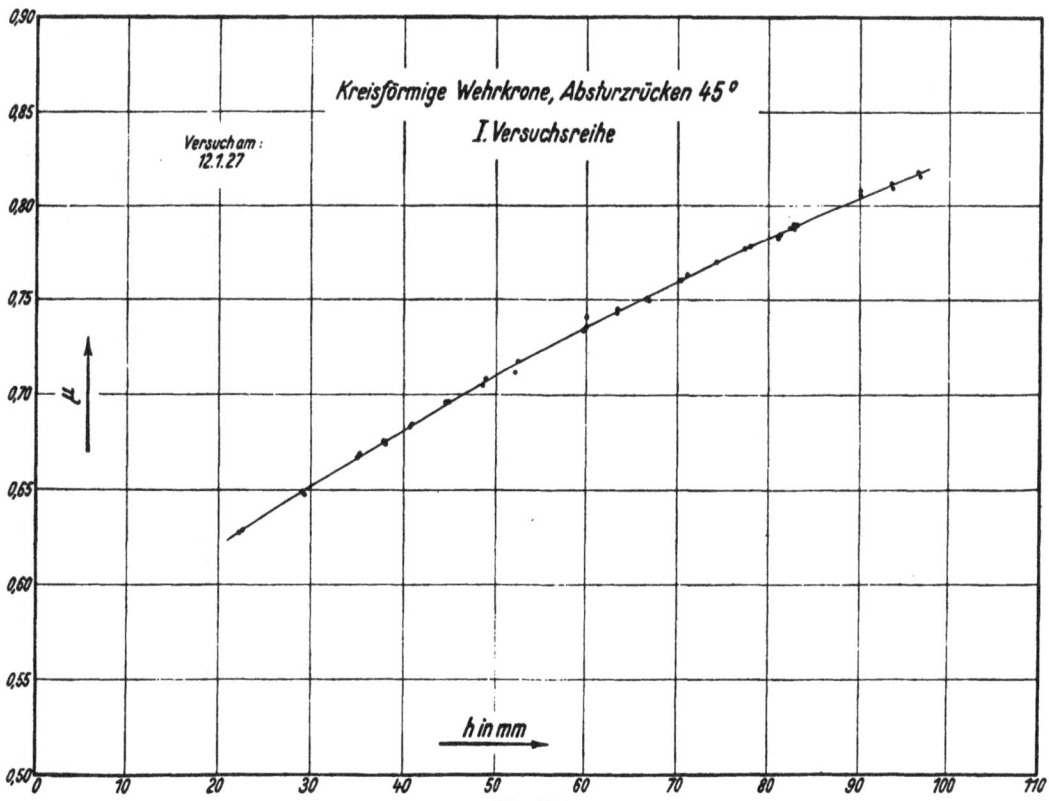

Abb. 19 d.

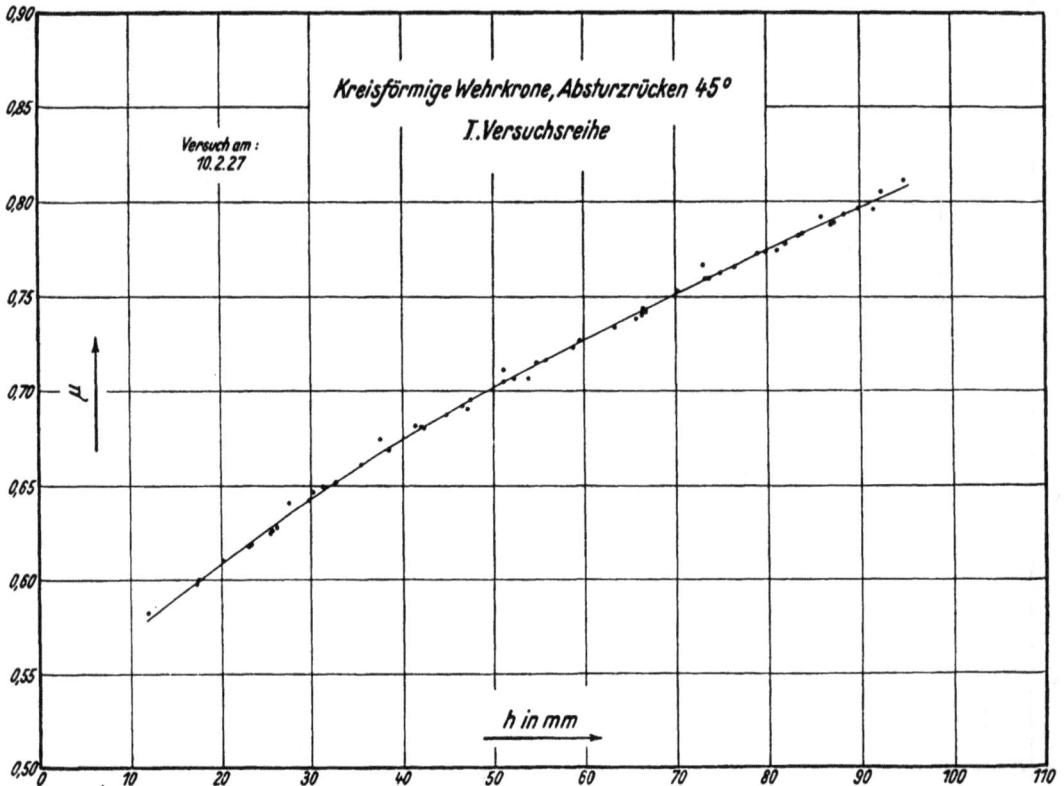

Abb. 19 e.

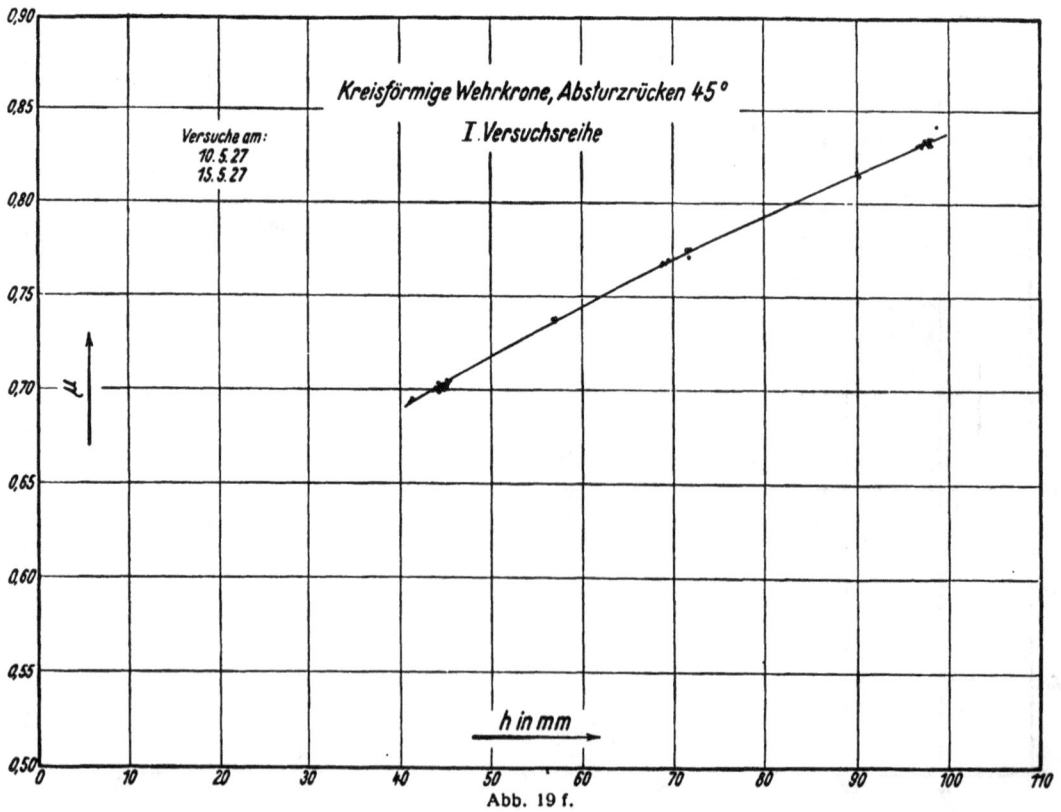

Abb. 19 f.

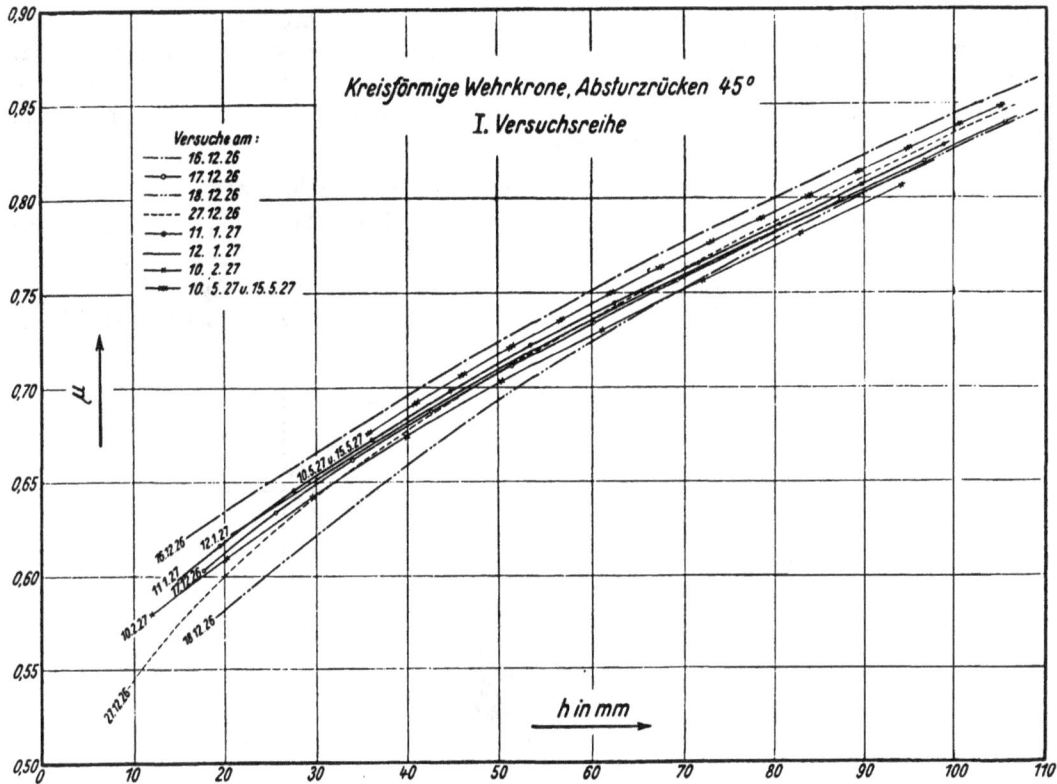

Abb. 19 g.

Um die Ursache der starken Unterschiede der Versuchsergebnisse festzustellen, wurde, da die Meßmethoden als einwandfrei angesehen werden mußten und keine Änderungen in den geometrischen Abmessungen der Holzmodelle eingetreten waren, zunächst die Möglichkeit untersucht, ob etwa in besonderen Verhältnissen im Ablauf oder im Zulauf der Grund der Abweichungen zu suchen war.

Beim Ablauf des Wassers aus dem Gerinne konnte man mit der Möglichkeit rechnen, daß das Unterwasserbecken bis zu einem gewissen Grad als Speicher wirkt und so Schwankungen im Abfluß hervorrufen konnte. Es wurde deshalb, um diese Möglichkeit auszuschalten, das Unterwasser hinter dem Absturz gefaßt und gedeckt abgeführt. Mehrere Vergleichsversuche mit geschlossenem und offenem Wasserablauf haben keine gegenseitigen Abweichungen gezeigt.

Im Zulauf des Wassers zur Meßstrecke wurde vor allem geprüft, ob durch Einbau verschiedener Beruhigungsvorrichtungen ein merklicher Einfluß auf die Überfallbeiwerte zu erkennen war. Auch hierbei haben die Vergleichsmessungen keine Abweichung in der Größe der μ-Werte ergeben.

Nachdem die erwähnten Untersuchungen keine Aufschlüsse über die Ursache der vorhandenen Abweichungen geben konnten, lag es nahe, diese Ursache in den Verhältnissen am Überfall selbst zu suchen. Zu dieser Vermutung berechtigte die Erscheinung, daß in den Fällen, wo die Stauwand des Wehres durch eine Auflage von Quarzsand (mit durchschnittlich 3 mm Korngröße) künstlich aufgerauht war, Abweichungen in den μ-Werten zunächst überhaupt nicht festgestellt werden konnten. Wenn auch später Unterschiede gefunden wurden, so waren sie stets wesentlich kleiner als die an denselben Wehren mit glatter Stauwand ermittelten Abweichungen.

Der nächste Schritt zur Klärung der Frage mußte deshalb der Versuch sein, durch willkürliche Eingriffe Störungen in den Strömungsverhältnissen am Überfall hervorzurufen und zu prüfen, welchen Einfluß diese Störungen auf die Größe der Überfallbeiwerte hatten.

Solche Störungsversuche wurden an den meisten der untersuchten Modelle vorgenommen, besonders aber am Halbmodell 1:50 des getreu nachgebildeten Bauwerks (II. Versuchsreihe). Die Ergebnisse der letztgenannten Störungsversuche sind in Abb. 22 eingetragen. Die in dieser Abbildung eingezeichneten Kurven a bis e stellen dabei die Verbindung zusammengehöriger Versuchswerte für µ dar, wie sie bei den einzelnen Messungen gefunden worden waren.

Der Gang der Störungsversuche ist nun im folgenden näher beschrieben:

Es wurde zunächst ein Betriebszustand bei rund 32 mm Überfallhöhe eingestellt. Der hierfür ermittelte Beiwert 1 lag auf Kurve b. Nach einer halben Stunde wurde eine Kontrollmessung 2 vorgenommen, die keine Änderung ergab. Hierauf wurde der Wasserzulauf abgestellt und der ursprüngliche Betriebszustand wieder durch langsames Öffnen der Absperrorgane hergestellt. Die

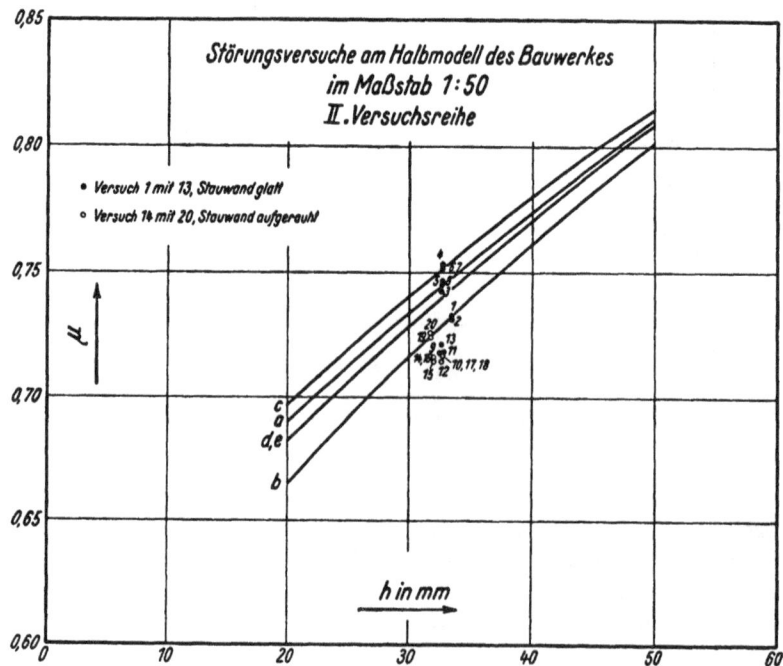

Abb. 22.

Messung ergab einen neuen Beiwert 3. Durch weiteres Öffnen der Schieber wurde dann der Wasserzufluß so lange gesteigert, bis eine völlige Überflutung des Bauwerks eintrat. Dieser Zustand wurde einige Zeit gehalten und dann durch langsames Schließen der Schieber wieder auf den ursprünglichen Betriebszustand zurückgegangen. Die Messung ergab einen Beiwert 4, der höher liegt als die vorhergehenden.

Diese Methode, mit Hilfe der Absperrschieber durch sehr starkes Öffnen und völliges Schließen Störungen hervorzurufen, wurde nun mehrmals wiederholt. So wurde z. B. Punkt 5 erhalten, indem der Wasserzufluß von Null allmählich gesteigert wurde (wie bei 3), während die Punkte 6 und 7 umgekehrt durch Drosseln einer sehr hoch eingestellten Wasserzufuhr — wie bei Punkt 4 — gewonnen wurden.

Das Ergebnis dieser Versuche zeigt, daß beim Zurückgehen von sehr großen Wassermengen zu kleineren die Beiwerte im allgemeinen größer sind als im umgekehrten Fall. Dies stimmt auch mit den anderen Versuchen überein. Wenn z. B. für Wehrform 4 b (Abb. 21) bei einer fortlaufenden Versuchsreihe zwei getrennte Kurven gefunden wurden, so waren die Werte auf der unteren Kurve so ermittelt, daß die Wassermengen, von kleinen Werten angefangen, allmählich gesteigert wurden, während die Punkte der oberen Kurve beim Zurückgehen von hohen Wassermengen zu niederen erhalten wurden.

Es gab aber noch eine andere Möglichkeit, Störungen hervorzurufen. Wenn man einen Stab in der Nähe der Stauwand lotrecht ins Oberwasser einstellte, so konnte man beobachten, wie sich Wirbel mit vertikaler Achse bildeten[1]), die sich manchmal nur in der Nähe des Stabes hielten, manchmal aber auch von der Störungsquelle ausgehend sich besonders in der Querrichtung des Gerinnes weiter ausbreiteten. Entfernte man den Stab wieder, so hielten sich die Wirbel in den meisten Fällen noch etwa eine Minute lang und verschwanden dann wieder, wenigstens so weit, als es das Auge entscheiden konnte.

Es lag nahe, die durch diese Störungen hervorgerufenen Änderungen in den Strömungsverhältnissen deutlich sichtbar zu machen. Die üblichen Färbungsmethoden, z. B. mit Lösungen aus Kaliumpermanganat, führten nicht zum Ziel, weil die Diffusionsgeschwindigkeit des Farbstoffes zu groß war und die Änderungen in der Nähe des Überfalls, auf die es gerade ankam, zu rasch vor sich gingen.

Gut bewährt hat sich dagegen feiner Sand, der auf dem Gerinneboden aufgelegt war. Es war dadurch zwar nur möglich, die Strömungsverhältnisse an der Sohle und deren Nähe kenntlich zu machen, man konnte aber daraus doch gewisse Anhaltspunkte für den Gesamtverlauf der Strömung gewinnen. Der Betriebszustand für die Störungsversuche war aus diesem Grunde so gewählt worden, daß der Sand am Boden gerade anfing, in Bewegung zu kommen.

Die Messung für diesen neu eingestellten Betriebszustand ergab einen Beiwert 8 auf der Kurve a. Durch Einstellen eines Stabes gelang es nun, den Strömungszustand zu ändern und nach Entfernung des Stabes trotz anfänglicher Mißerfolge diesen neuen Zustand auch dauernd zu halten. Der Beiwert war dabei auf den Wert 9 gesunken. Eine Kontrollmessung 10 nach längerer Zeit ergab keine Abweichung von 9.

Es wurde nun weiter versucht, eine neue Störung durch starkes Öffnen der Schieber zu überlagern. Beim Rückgang auf den alten Betriebszustand ergab sich aber keine Änderung (11). Dagegen sank der Beiwert etwas, wenn der Wasserzulauf ganz gesperrt und allmählich wieder auf den Betriebszustand gebracht wurde (12). Punkt 13 war eine Kontrollmessung zu 12 nach einer Zwischenzeit von 20 Minnten, in der keinerlei Eingriffe vorgenommen waren. Trotzdem ist eine Abweichung von rund 1% gegenüber 12 eingetreten.

Bei aufgerauhter Stauwand war es wesentlich schwieriger, durch rasche Änderungen des Wasserzuflusses und durch Störungen vor der Stauwand eine Änderung des Beiwertes zu erhalten. Im allgemeinen wurden stets dieselben Werte gefunden (14 mit 18). Nur in einem Fall gelang es, beim Zurückgehen von einem sehr groß eingestellten Wasserdurchfluß auf den ursprünglichen Betriebszustand einen höheren Beiwert 19 zu finden. Eine Kontrollmessung 20 zeigte, daß sich der neue Zustand gehalten hatte.

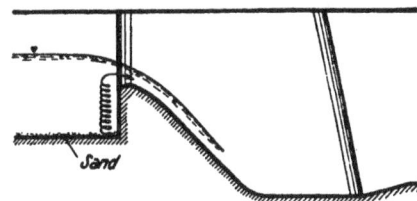

Abb. 23.

Das Bild, das die Sandbewegung vor dem Überfall bot, zeigte zunächst einmal, daß es sich um sehr schnell wechselnde Zustände handelt. In unregelmäßiger Folge wechselte der Ort und die Stärke der Bewegung. Immerhin ließen sich einige typische Erscheinungen feststellen. Die größte Neigung zur Sandbewegung war in der Mitte des Gerinnes und dicht an den seitlichen Begrenzungswänden vorhanden. Die Stärke der Wirbel war am größten an der Stauwand selbst. Der Sand in der Nähe der Stauwand war meist nach kurzer Zeit über das Wehr geschafft. Sogar Kieselsteine bis zu 1 cm Größe konnten manchmal über das Wehr geführt werden, wenn sie dicht an der Stauwand eingelegt wurden.

---

[1]) Vgl. auch die Erfahrungen bei den Modellversuchen der „Mittleren Isar A.-G." für den Bau der Spülschwellen beim Kanaleinlauf (Modellversuche über die zweckmäßige Gestaltung einzelner Bauwerke, Rom-Verlag 1923).

Auch bei aufgerauhtem Wehrkörper waren vertikal gerichtete Bewegungen zu erkennen, die aber sichtlich schwächer waren. Wohl wurde der Sand noch über das Wehr getragen, aber schon Körner von etwa 3 mm Größe gerieten nur in schwache Bewegungen und fielen immer wieder auf den Boden zurück.

Um die vertikal gerichteten Wirbel in der Nähe der Stauwand zu unterbinden, wurde nun bei dem Modell 1:20 der Wehrform 3 durch Einbau eines Bleches ein schräger Anlauf zur Wehrkrone geschaffen (s. Abb. 24).

Es zeigte sich dabei zunächst, daß die Überfallkoeffizienten dieselben Werte ergaben, wie bei der früheren Anordnung mit lotrechter Stauwand.

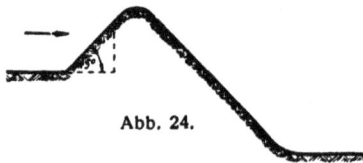

Abb. 24.

Bei der Durchführung von Störungsversuchen aber waren Änderungen der Überfallkoeffizienten in den meisten Fällen nicht zu erreichen, obwohl die eingeleiteten Störungen teilweise sehr kräftig waren. Bei kleinen Überfallhöhen konnten allerdings Änderungen der μ-Werte in derselben Größenordnung wie bei den anderen Wehren festgestellt werden (s. Abb. 25). Es liegt die Vermutung nahe, daß durch eine noch flachere Neigung des Anlaufrückens die schädlichen Nebenströmungen allmählich zum Verschwinden gebracht werden können.

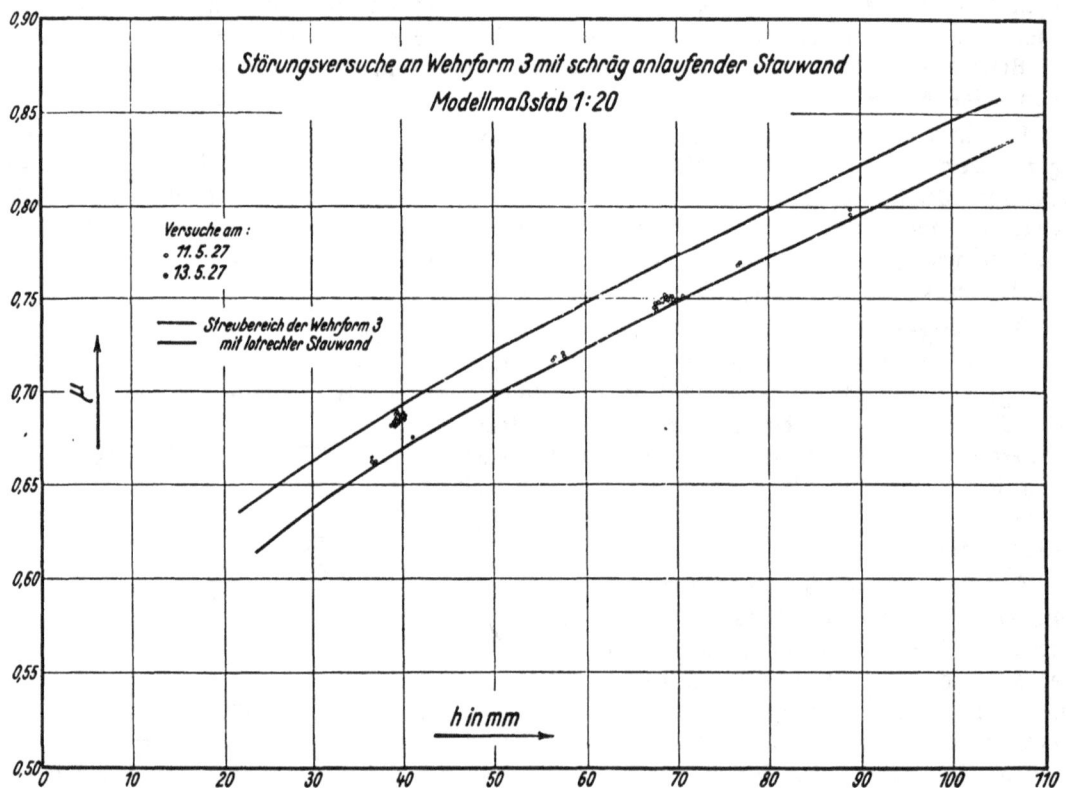

Abb. 25.

Faßt man das Ergebnis der Störungsversuche zusammen, so ergibt sich die Bestätigung der Vermutung, daß die Ursache der Abweichung entsprechender Überfallkoeffizienten in der Möglichkeit verschiedener Strömungsverhältnisse für ein und denselben Betriebszustand begründet ist, eine Erscheinung, die auch schon in anderen Fällen festgestellt wurde, z. B. beim Ausfluß von

Wasser aus Düsen[1]). Während aber bei Düsen für ein und denselben Betriebszustand jeweils nur ein guter und ein schlechter Ausflußbeiwert gefunden wurde, ohne daß Zwischenwerte festgestellt werden konnten, liegen die Verhältnisse bei den hier untersuchten Überfällen so, daß innerhalb einer oberen und unteren Grenze im allgemeinen auch beliebige Zwischenzustände möglich sind[2]).

Bei den Störungsversuchen wurde weiter festgestellt, daß die Überfälle besonders empfindlich waren gegen rasche und große Änderungen der Wassermenge, während bei langsamen Änderungen ein Umkippen des Strömungszustandes viel weniger zu befürchten war.

Auch die absolute Größe der Wassermenge war von Einfluß. Änderungen der Überfallkoeffizienten wurden häufiger und in stärkerem Maße bei kleinen Wassermengen beobachtet als bei großen. So waren auch die bei Modellen im Maßstab 1:50 eingeleiteten Störungen wirksamer als bei den Modellen im Maßstab 1:20 und bei letzteren wieder waren Änderungen der Überfallkoeffizienten für kleine Überfallhöhen einfacher herbeizuführen als für große.

Der Unterschied zwischen den größten und kleinsten μ-Werten für denselben Betriebszustand beträgt, wenn man die für sehr kleine Überfallhöhen ermittelten Werte außeracht läßt, teilweise bis zu 6%.

Für die Großausführung von Wehrbauten dürfte ein solcher Unterschied wenig Belang haben. Es ist auch fraglich, ob diese Erscheinungen bei Bauten im natürlichen Maßstab beobachtet werden können, da die hauptsächliche Störungsquelle, rasche Wechsel in der Wasserführung, praktisch in Wegfall kommt.

Vorsicht ist aber überall da geboten, wo Wehre der beschriebenen Art mit Abmessungen in ähnlicher Größenordnung wie die hier untersuchten, bei Laboratoriumsversuchen zur Messung von Wassermengen verwendet werden. Wenn es bei solchen Meßwehren nicht gelingt, während der Durchführung von Versuchen denselben Strömungszustand einzustellen und zu halten, wie er bei der Eichung vorhanden war, ist eine genaue Ermittlung der Wassermenge nicht möglich.

C. Vergleich der μ-Werte für die einzelnen Wehrformen.

Ein genauer Vergleich der Ergebnisse ist dadurch erschwert, daß man nicht weiß, welche der ermittelten Beiwerte gleichen Strömungsverhältnissen entsprechen.

Im allgemeinen zeigt sich aber, daß die Unterschiede zwischen den Beiwerten der einzelnen Wehrformen verhältnismäßig gering sind. In Abb. 26 sind die Ergebnisse der I. Versuchsreihe so zusammengestellt, daß für jede Wehrform die Grenzkurven des Streubereichs der μ-Werte eingezeichnet sind. Man sieht daraus, daß der Bereich, in dem die für eine Wehrform ermittelten Überfallkoeffizienten liegen, weitgehend in den Bereich anderer Wehrformen übergreift.

Im einzelnen ist noch folgendes zu bemerken:

1. Ein Vergleich der Versuchsergebnisse für die Wehrformen 1 und 2 (Abb. 16 und 18) mit den entsprechenden Untersuchungen von E. Kramer und Th. Rehbock zeigt eine gute gegenseitige Übereinstimmung. Bei Wehrform 1 (kreisförmige Wehrkrone, 90°-Rücken, unbelüftet) liegt ein Teil der Meßpunkte auf der nach der Formel von Kramer ermittelten Kurve, die Mehrzahl der Versuchswerte liegt aber etwas tiefer, wobei die größte Abweichung rund 2,5% beträgt.

Bei Wehrform 2 (kreisförmige Wehrkrone, 60°-Rücken) deckt sich die durch den Streubereich der Versuchswerte gezogene mittlere μ-Kurve im Bereich mittlerer Überfallhöhen vollständig mit der nach Rehbock berechneten μ-Kurve (s. Abb. 18). Merkliche Abweichungen treten nur für die kleinsten und größten gemessenen Überfallhöhen auf. Es ist

---

[1]) Siehe Aufsatz von D. Thoma über „Anormale Strömung in Meßdüsen" (Hydraulische Probleme, V.D.I.-Verlag 1926).

[2]) Daß die Eichkurven von Meßwehren, die nach derselben Vorschrift gebaut sind, voneinander abweichen können, wurde schon in mehreren Fällen beobachtet. Neu dagegen ist die Erkenntnis, daß solche Abweichungen auch an ein- und demselben Überfall möglich sind.

dabei allerdings zu berücksichtigen, daß die Formel von Rehbock für eine Neigung 3:2 (56½°) des Absturzrückens gilt.

2. Hinsichtlich der Wasserabführung sind die beiden Wehrformen 1 und 2 etwa gleichwertig. Bei flacher werdendem Absturzrücken nehmen dagegen die Beiwerte etwas ab. Für die Wehrform 3 (kreisförmige Wehrkrone, 45°-Rücken) sind z. B. im Bereich mittlerer Überfallhöhen die Beiwerte um rund 3 bis 4% kleiner als bei den entsprechenden Wehren mit lotrechtem und unter 60° geneigtem Absturzrücken.

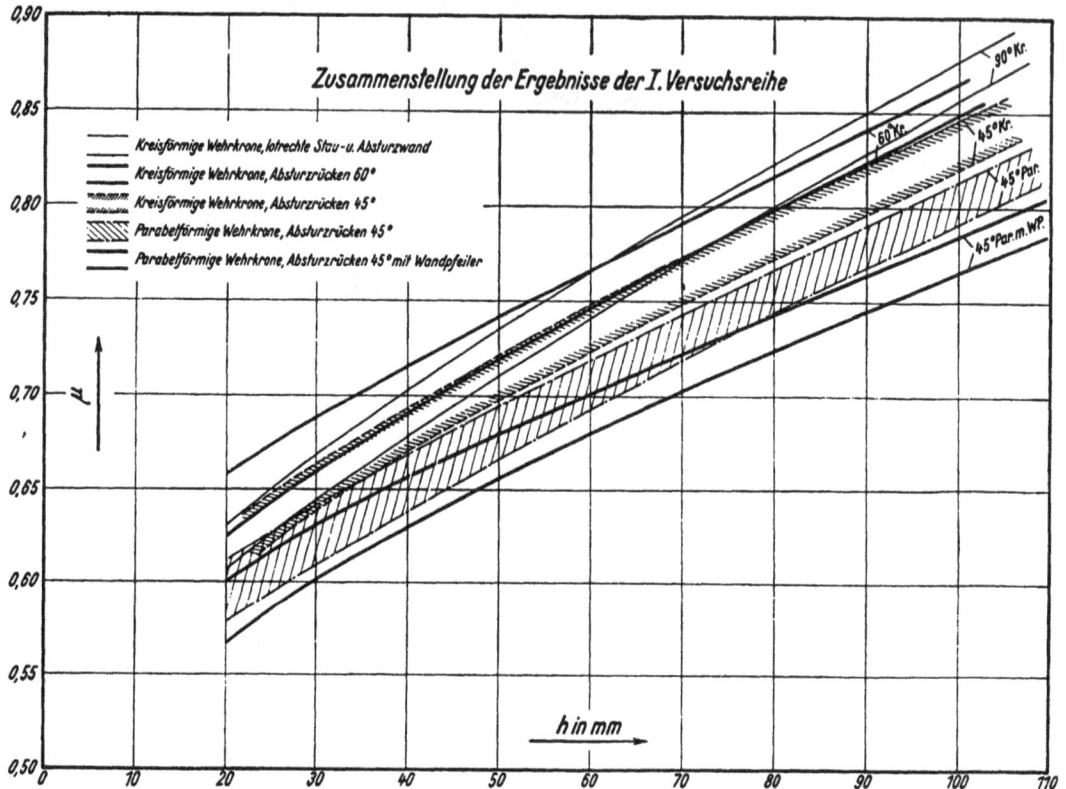

Zusammenstellung der Ergebnisse der I. Versuchsreihe

Kreisförmige Wehrkrone, lotrechte Stau- u. Absturzwand
Kreisförmige Wehrkrone, Absturzrücken 60°
Kreisförmige Wehrkrone, Absturzrücken 45°
Parabelförmige Wehrkrone, Absturzrücken 45°
Parabelförmige Wehrkrone, Absturzrücken 45° mit Wandpfeiler

Abb. 26.

3. Der Übergang von der kreisförmigen Wehrkrone zur parabelförmigen bedingt eine Verschlechterung des Beiwerts. Die Abnahme des Beiwerts zwischen Wehrform 3 (kreisförmige Wehrkrone, 45°-Rücken) und Wehrform 4 (parabelförmige Wehrkrone, 45°-Rücken) beträgt durchschnittlich 3 bis 4%. Dabei ist aber zu beachten, daß bei Wehrform 4 die Wehrhöhe um 14 mm kleiner ist als bei Wehrform 3, so daß unter der Voraussetzung gleicher Wehrhöhen die Verschlechterung des Beiwertes gegenüber der kreisförmigen Wehrkrone größer als 3 bis 4% wird.

4. Versuche mit Belüftung wurden nur für die Wehrform 1 (mit lotrechtem Absturzrücken) durchgeführt. Eine ausreichende Belüftung des Überfalls gelang dabei erst für Überfallhöhen von 60 mm aufwärts. Die Ergebnisse (Abb. 17) zeigen eine geringe Abnahme der Überfallkoeffizienten gegenüber den Werten für den unbelüfteten Strahl.

5. Um den Einfluß der Einschnürung durch die auf der Wehrkrone aufgesetzten Brückenpfeiler zu ermitteln, wurde bei Wehrform 4 an beiden Enden des Überfalls je ein halber Pfeiler angebracht und damit der mittlere Ausschnitt des ganzen Bauwerks, abgesehen von der Sohlenböschung, getreu nachgebildet. In Abb. 21 sind die Ergebnisse dieser Versuche dargestellt. Vergleicht man die ermittelten μ-Werte mit denjenigen für denselben

Überfall ohne Pfeiler (Abb. 20), so erkennt man, daß der Einfluß der Pfeiler verhältnismäßig gering ist. Bei den größten geprüften Überfallhöhen von rund 110 mm (entsprechend 2,20 m in der Natur) ist der Unterschied zwischen den Beiwerten etwa 4%. Mit abnehmender Überfallhöhe wird der Unterschied kleiner und beträgt bei $h \cong 40$ mm nur noch rund 2%. Der geringe Einfluß ist hauptsächlich der spitzbogenförmigen Ausbildung der vorderen Pfeilerenden zuzuschreiben.

6. Ergebnisse der II. Versuchsreihe.

(Halbmodell des getreu nachgebildeten Bauwerks im Maßstab 1:50).

Bei den bisherigen Versuchen wurde nur der mittlere Ausschnitt aus dem Bauwerk untersucht, wobei der Einfachheit halber die schwachen Sohlenböschungen 1:20 durch eine mittlere Horizontalebene ersetzt wurden.

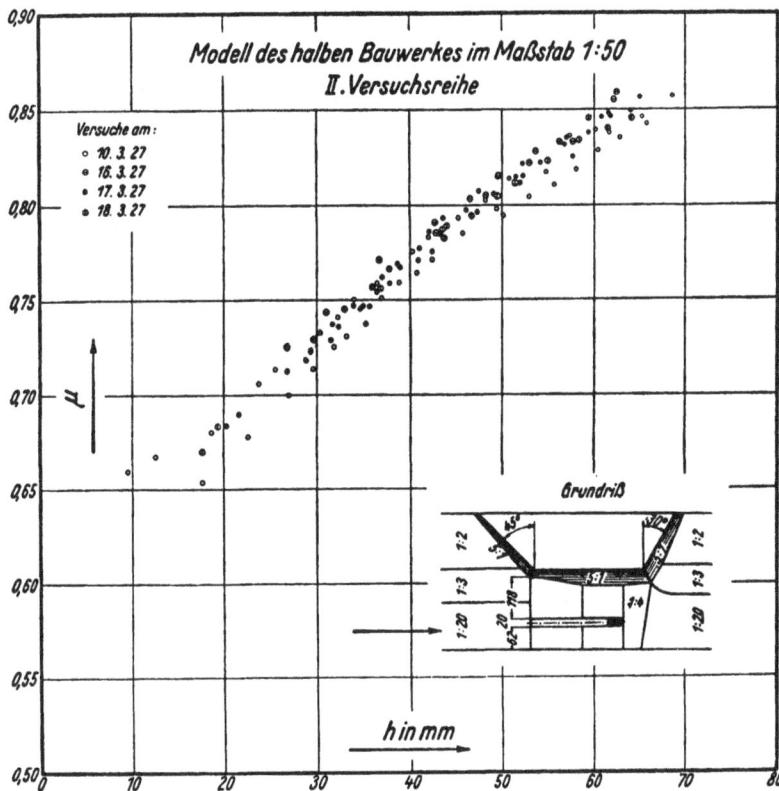

Abb. 27.

Gegenüber dieser Mittelöffnung weichen die beiden seitlichen Öffnungen des Wehres insoferne ab, als die mittlere Wehrhöhe infolge der größeren Neigung der Böschungen etwas kleiner geworden ist, außerdem aber auch der Einfluß der Einschnürung des Zulaufs zum Überfall hin zu berücksichtigen ist.

In Abb. 27 sind die für das Halbmodell des Bauwerkes ermittelten Überfallkoeffizienten aufgetragen. Auch hier sind wieder starke Abweichungen entsprechender μ-Werte voneinander in etwa gleicher Größenordnung wie bei den früheren Versuchen zu erkennen. Bei Betrachtung der Versuchsergebnisse fällt auf, daß für kleine Überfallhöhen nur wenig Versuchspunkte vorliegen. Der Grund liegt darin, daß bei den entsprechenden sehr kleinen Wassermengen (rund 1 l/s) ein einwandfreier Beharrungszustand mit der bestehenden Versuchseinrichtung schwer zu erhalten war, selbst dann, wenn die Regulierung auf mehrere Drosselschieber gleichzeitig verteilt wurde.

Vergleicht man die Versuchsergebnisse für das halbe Bauwerk (Modell 1:50; Abb. 27) mit denjenigen für die Mittelöffnung (Modell 1:20; Abb. 21), so findet man in beiden Fällen ungefähr gleiche Überfallkoeffizienten.

In nachstehender Zahlentafel sind für drei verschiedene Überfallhöhen diese Beiwerte zusammengestellt. Es wurden dabei zum Vergleich die Überfallhöhen vom Modellmaßstab auf den natürlichen Maßstab 1:1 umgerechnet. Die μ-Werte wurden der Mitte des jeweiligen Streubereichs entnommen.

Zahlentafel.

Überfallhöhe umgerechnet auf Maßstab 1:1	Mittelöffnung	Halbes Bauwerk
$h = 2,0$ m	$\mu = 0,772$	$\mu = 0,770$
$h = 1,5$ m	$\mu = 0,723$	$\mu = 0,725$
$h = 1,0$ m	$\mu = 0,666$	$\mu = 0,675$

Aus diesen Ergebnissen geht hervor, daß die Wirkung der Kontraktion bei den Seitenöffnungen des Bauwerks — bewirkt durch den Brückenpfeiler auf der einen und die Kanalverengung auf der

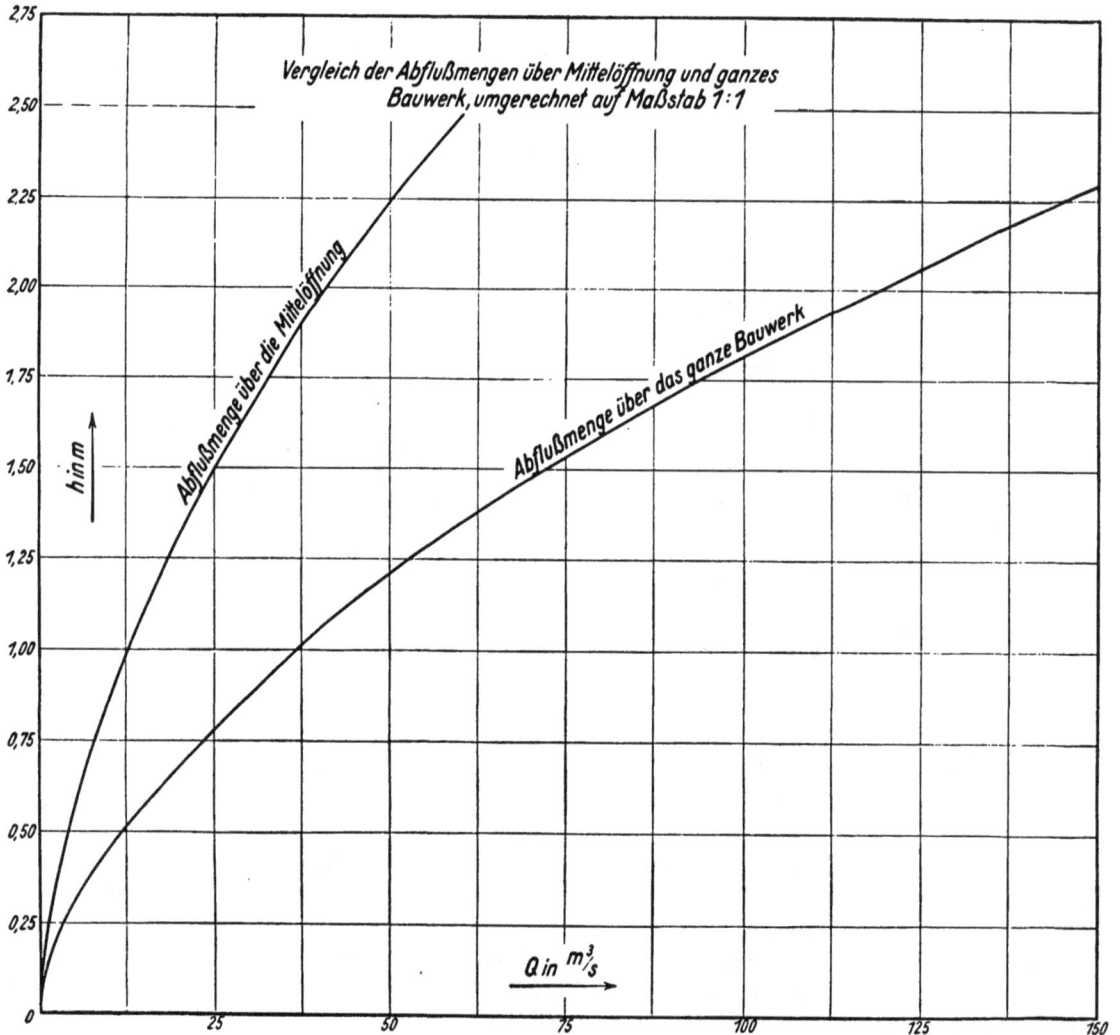

Abb. 28.

anderen Seite — als ungefähr gleichwertig mit dem Einfluß der Einschnürung durch die beiden Brückenpfeiler in der Mittelöffnung zu beurteilen ist. Vorausgesetzt ist dabei, daß der Einfluß, den die Verengung der Kanalbreite auf die Mittelöffnung ausübt, vernachlässigt werden kann.

Streng genommen ist der Einfluß der Kontraktion bei den seitlichen Öffnungen größer als bei der Mittelöffnung, weil die mittlere Wehrhöhe infolge der steileren Böschungen um rund $^1/_5$ kleiner geworden ist als in der Mitte. Für sich allein betrachtet, müßte der geringeren Wehrhöhe entsprechend eine Verbesserung des Beiwerts eintreten, die aber für die gegebenen Verhältnisse in der Größenordnung von nur etwa 2% liegt.

Zur Ergänzung der vorstehenden Ausführungen sind in Abb. 28 die Abflußmengen für das ganze Bauwerk und die Mittelöffnung allein, abhängig von der Überfallhöhe und umgerechnet auf den natürlichen Maßstab aufgetragen. Man erkennt, daß sich der Wasserabfluß ungefähr gleichmäßig auf die drei Öffnungen des Wehres verteilt.

7. Schlußbetrachtung.

Vergleich der Ergebnisse der Modellversuche mit denjenigen am ausgeführten Bauwerk.

In den Abb. 29 und 30 sind die Überfallbeiwerte und die auf den natürlichen Maßstab umgerechneten Wassermengen aus den Versuchen am Halbmodell 1:50 des getreu nachgebildeten Bauwerks (II. Versuchsreihe) dargestellt. Zum Vergleich damit sind die Meßergebnisse am ausgeführten Bauwerk eingetragen[1]) (Punkte I bis VII). Die Übereinstimmung ist eine sehr gute, nur die beiden Punkte V und VII fallen wenig außerhalb des Streubereichs der Versuchswerte bei den Modellversuchen.

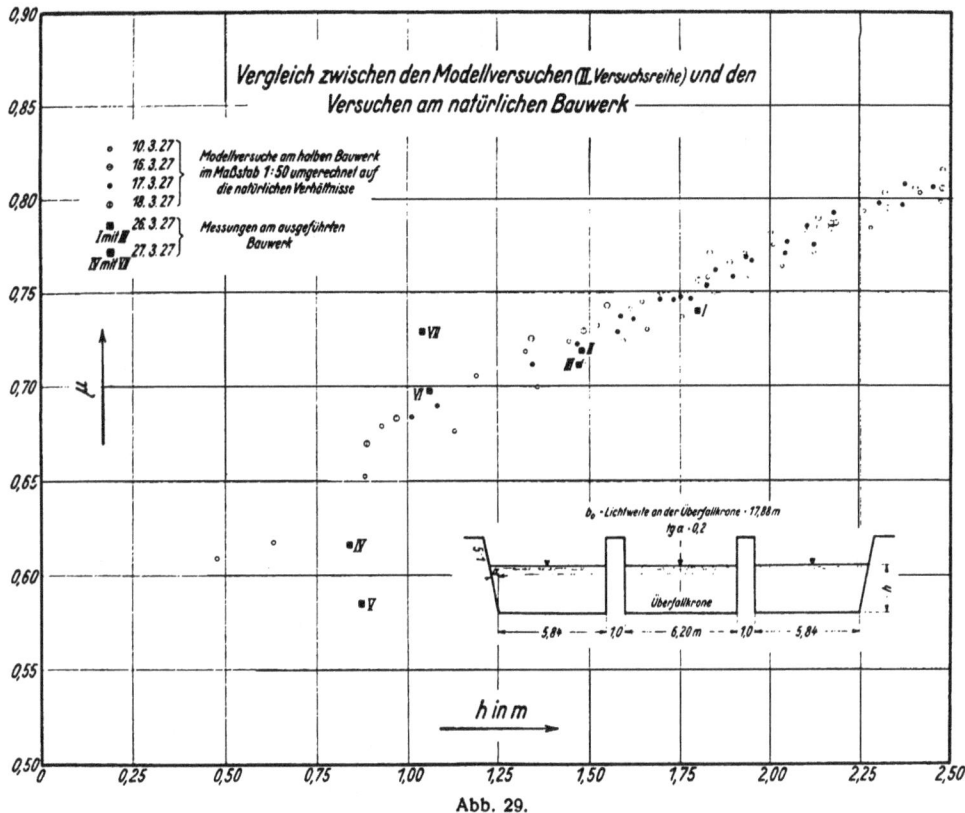

Abb. 29.

---

[1]) Bei den Versuchen am natürlichen Bauwerk wurden die Überfallhöhen ähnlich wie bei den Modellversuchen durch Tasterabstich auf die Wasseroberfläche an beiden Ufern ermittelt; die sekundliche Wassermenge wurde durch Flügel gemessen.

Es ist daher in diesem Fall mit ausreichender Genauigkeit zulässig, die Modellergebnisse auf die Großausführung zu übertragen.

Stellt man für den vorliegenden Fall die Größe der Reynolds'schen Zahl $Re = \dfrac{v \cdot l}{\nu}$ fest und wählt dabei als v die mittlere Geschwindigkeit des Wassers über der Überfallkrone, als Länge l die Überfallhöhe, so wird bei der Großausführung für $h = 2$ m die Geschwindigkeit $v = 3{,}34$ m/s und damit

$$Re = \frac{3{,}34 \cdot 2}{1 \cdot 10^{-6}} \cong 7 \cdot 10^{6} \; [0].$$

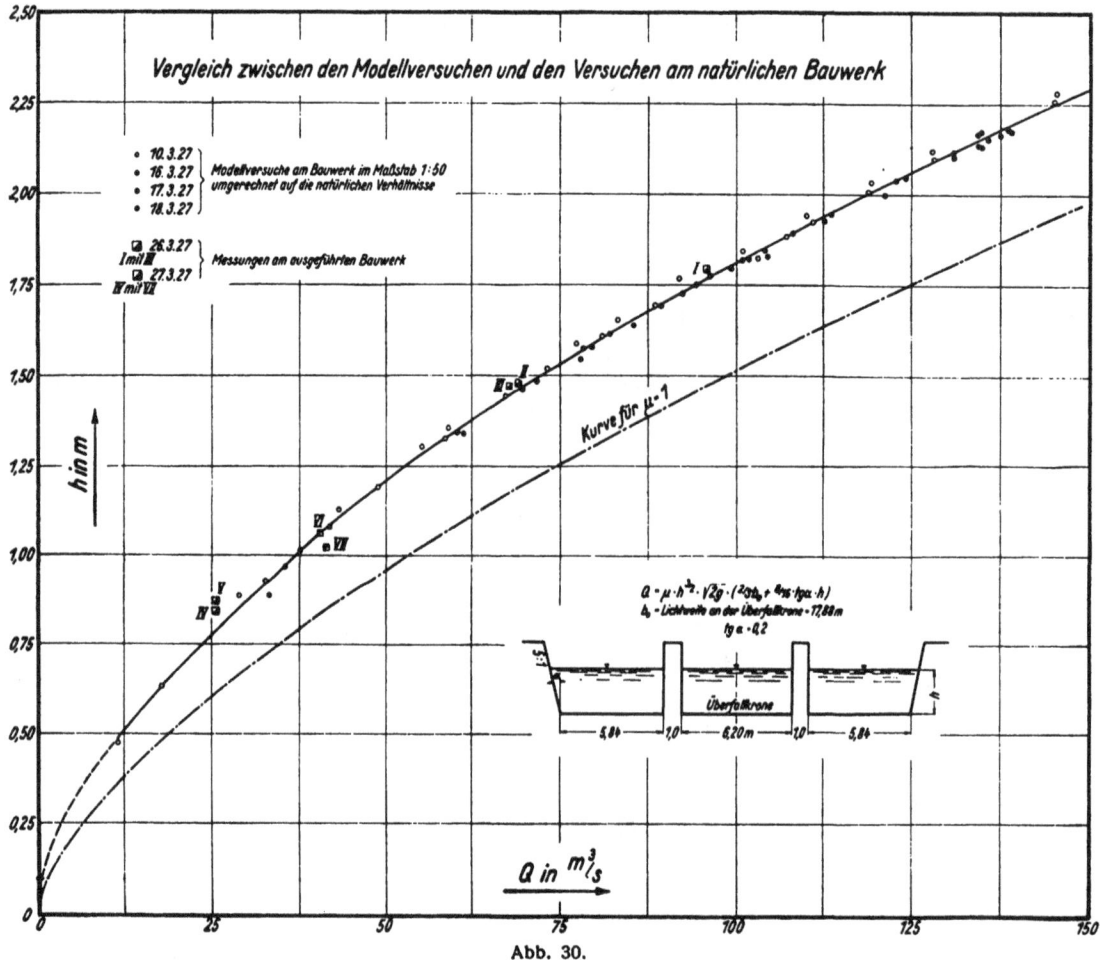

Abb. 30.

Beim Modell bleibt die kinematische Zähigkeit ν dieselbe wie bei der Großausführung, während $v \cdot l$ mit $n^{3/2}$ zurückgeht, wo n den Modellmaßstab bedeutet.

Für den Modellversuch im Maßstab 1:50 wird also die denselben Verhältnissen entsprechende Reynolds'sche Zahl

$$Re = \frac{1}{50^{3/2}} \cdot 7 \cdot 10^{6} \cong 2 \cdot 10^{4} \; [0].$$

Die Modellregel ist abgeleitet unter der Voraussetzung gleicher Reynolds'scher Zahlen. Die Versuchsergebnisse zeigen, daß sie auch in dem vorliegenden Fall noch gilt, obgleich beim Modell die Reynolds'sche Zahl im Verhältnis 1:350 kleiner ist als bei der Ausführung im natürlichen Maßstab.

Dies beweist, daß eine Verkleinerung von Re im Modell noch keinen merkbaren Einfluß auf die Gültigkeit der Modellregel hat, so lange die Absolutwerte der Reynolds'schen Zahlen genügend groß sind.

Beeinflussung der Anzeige von Venturimessern durch vorgeschaltete Krümmer.

Von H. Mueller.

I. Problemstellung.

Zur Durchführung genauer Wassermengenmessungen wird heute in steigendem Maße der Venturimesser verwendet, da er große Vorteile, wie

    einfache Bauart,
    Unempfindlichkeit gegen Fremdkörper und säurehaltige Flüssigkeiten,
    sehr geringen Druckverlust,

gegenüber den anderen Wassermesserarten aufweist.

Das Venturirohr gehört zu der Gattung der Mündungs- oder Staudruckmesser, bei welchen die durch eine Querschnittsverengung bedingte Geschwindigkeitserhöhung einen Druckunterschied erzeugt. Dieser Druckunterschied wird als Maß für die durchfließende Flüssigkeitsmenge verwendet.

Zur Ableitung der Formel für die Durchflußmenge werden folgende Voraussetzungen gemacht:

1. Von der Gewichtswirkung wird abgesehen,
2. die Flüssigkeit sei unzusammendrückbar, d. h. das spezifische Gewicht γ sei unabhängig vom Druck,
3. die Strömung sei stationär.

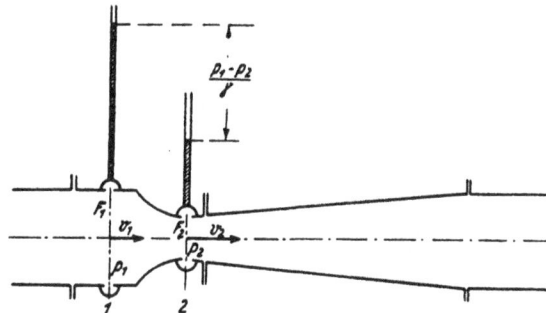

Abb. 1.

Ferner bedeuten:

p_1 und p_2 = die statischen Drücke an den Meßstellen 1 bzw. 2 (Abb. 1) in kg/m²,
v_1 und v_2 = die mittleren Geschwindigkeiten in den entsprechenden Rohrquerschnitten in m/s,
γ = das spezifische Gewicht der Flüssigkeit in kg/m³;

dann ergibt sich, wenn man von der Reibung und von der ungleichmäßigen Verteilung der Geschwindigkeit über die Querschnitte absieht

$$\frac{p_1}{\gamma} + \frac{v_1^2}{2\,g} = \frac{p_2}{\gamma} + \frac{v_2^2}{2\,g} \quad \dots \dots \dots \dots \dots (1)$$

Ferner gilt hier das Kontinuitätsgesetz:

$$F_1 \cdot v_1 = F_2 \cdot v_2,$$

wobei F_1 und F_2 die Rohrquerschnitte in m² an den Stellen 1 und 2 der Abb. 1 bedeuten.

Führt man das Verhältnis $F_2 : F_1 = \varphi$ ein, so erhält man

$$v_1 = \varphi \cdot v_2 \; ; \quad \dots \dots \dots \dots \dots (2)$$

durch Einsetzen von (2) in (1) ergibt sich der Druckunterschied zu

$$p_1 - p_2 = (1 - \varphi^2) \cdot \frac{v_2^2}{2\,g} \cdot \gamma \,, \quad \dots \dots \dots \dots (3)$$

3*

und damit die Geschwindigkeit im engsten Querschnitt

$$v_2 = \frac{1}{\sqrt{1-\varphi^2}} \cdot \sqrt{\frac{2\,g\,(p_1-p_2)}{\gamma}} \quad \ldots \ldots \ldots \ldots \ldots \quad (4)$$

Diese Formel entspricht der Gleichung für den freien Fall $v = \sqrt{2\,g\,h}$ bei Vorhandensein einer Anfangsgeschwindigkeit v_1, die durch den Faktor $\dfrac{1}{\sqrt{1-\varphi^2}}$ zum Ausdruck kommt.

Dieser Faktor ist für ein gegebenes Venturirohr eine Konstante und möge fernerhin mit ε bezeichnet werden.

$$\varepsilon = \frac{1}{\sqrt{1-\varphi^2}} \cdot$$

Bezeichnet man mit $Q_0 = F_2 \cdot v_2$ die Durchflußmenge in m³/s, so geht (4) über in

$$Q_0 = \varepsilon \cdot F_2 \sqrt{\frac{2\,g\,(p_1-p_2)}{\gamma}} \cdot \quad \ldots \ldots \ldots \ldots \ldots \quad (5)$$

Setzt man außerdem $\dfrac{p_1-p_2}{\gamma} = H =$ Druckhöhenunterschied, so erhält man:

$$Q_0 = \varepsilon \cdot F_2 \cdot \sqrt{2\,g} \cdot \sqrt{H}; \text{ oder } Q_0 = C \cdot \sqrt{H} \; ; \quad \ldots \ldots \ldots \quad (6)$$

dabei hängt C nur von den Abmessungen des Venturirohres ab und ist geometrisch bestimmbar.

Die wirkliche Durchflußmenge weicht von dieser theoretisch ermittelten ab, weil

1. die Strömung nicht verlustfrei ist,
2. die Geschwindigkeit im Querschnitt 1 infolge der Turbulenz und der Reibung auf der vorhergehenden Rohrstrecke nicht gleichmäßig ist und
3. im Querschnitt 2 außerdem die, auch bei gut abgerundeten Düsen, auftretende geringe Kontraktion eine ungleichmäßige Geschwindigkeitsverteilung verursacht.

Diese Umstände pflegt man durch den Ansatz

$$\mu = \frac{Q}{Q_0} \quad \ldots \ldots \ldots \ldots \ldots \ldots \ldots \ldots \quad (7)$$

zu berücksichtigen, worin Q die tatsächlich durchfließende Flüssigkeitsmenge bedeutet. Damit erhält man dann

$$Q = \mu \cdot C \cdot \sqrt{H} \quad \ldots \ldots \ldots \ldots \ldots \ldots \ldots \quad (8)$$

Der Wert μ wird allgemein als Venturikoeffizient bezeichnet.

Die Eichung des Venturirohres, d. h. die Ermittlung von μ erfolgt in den Prüfstationen der Wassermesserfirmen. Das Ergebnis wird in Form einer Eichkurve dem Venturimesser beigegeben. Die Eichung wird aber unter Vorschaltung einer geraden Rohrstrecke von bestimmter Länge vor das Venturirohr durchgeführt, um eine möglichst gleichmäßige Strömung zu erreichen. Um sicherzustellen, daß die Wassermessung nach erfolgtem Einbau in die projektierte Anlage richtig ist, muß der Einbau in derselben Weise durchgeführt werden, wie bei der Eichung, d. h. unter Vorschaltung einer genügend langen geraden Rohrstrecke. Auf diesen Umstand müssen also die Wassermesserfirmen aufmerksam machen. Siemens & Halske fordert eine gerade Rohrstrecke von fünf Rohrdurchmesser Länge (siehe A. Grunwald[1]). Da das Venturirohr selbst eine Länge von 5—8 d besitzt, ist also eine gesamte Einbaulänge von 10—13 d erforderlich, ein Betrag, der bei den meist sehr beschränkten Raumverhältnissen in Wasserkraft- und Wasserversorgungsanlagen den Einbau des sonst so wertvollen Venturimessers in vielen Fällen erschwert. Andererseits ist eine Nacheichung mit genügender Genauigkeit an Ort und Stelle meistens nicht möglich, weil zum größten Teil die hierzu notwendigen Meßvorrichtungen wie Meßbottich, Waage, Überfall usw. fehlen.

Dem Verfasser sind bis jetzt keine Versuche bekannt geworden, die Aufschluß gegeben hätten, in welchem Maße direkt vor das Venturirohr geschaltete Krümmer und Bögen die Messung beeinflussen.

---

[1]) Literaturverzeichnis 1.

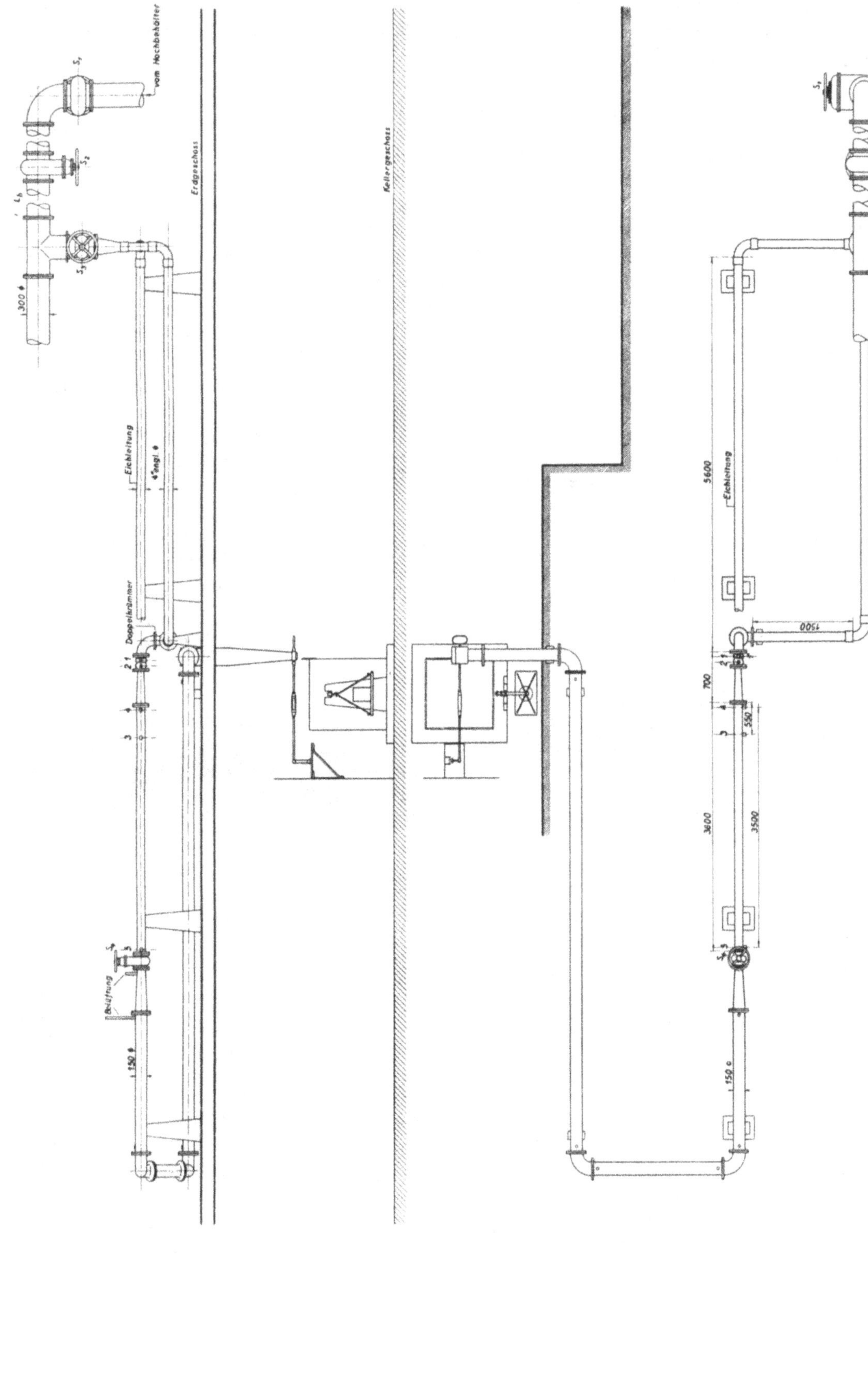
vom Hochbehälter
Erdgeschoss
Kellergeschoss
Eichleitung
Doppelkrümmer
Belüftung
5600
1500
700
550
3600
3500

Abb. 2.

Es ist daher der Zweck der vorliegenden, von Professor Dr. D. Thoma angeregten Arbeit, den Einfluß naher Krümmer zu untersuchen; darin wurde der Verfasser von der Firma Bopp & Reuther, Mannheim-Waldhof durch Überlassung mehrerer Venturirohre und Differentialmanometer in dankenswerter Weise unterstützt.

II. Die Versuchsanordnung.

Im Versuchsprogramm war zunächst vorgesehen, die Eichung des Venturimessers mit extrem langer, vorgeschalteter gerader Rohrstrecke durchzuführen. Hierauf sollte ein Krümmer direkt vor das Venturirohr gesetzt werden. Ergab sich hierbei tatsächlich eine Änderung des Koeffizienten μ, so war die nächste Aufgabe, durch allmähliches Zurücksetzen des Krümmers den Zusammenhang zwischen μ und dem Krümmerabstand zu ermitteln. Dieselben Versuche sollten dann mit zwei aneinandergesetzten Krümmern, deren Achsenebenen um 90° gegeneinander verdreht waren, durchgeführt werden. Diese Anordnung kann nämlich eine drehende Bewegung des Wassers verursachen.

Abb. 2 zeigt maßstäblich die Versuchseinrichtung. Die Versuchsleitung aus vierzölligem Gasrohr zweigt von der Hauptleitung L_h ab, der das Wasser vom Hochbehälter zufließt; letzterer wird von einer Zentrifugalpumpe gespeist und sichert durch ein eingebautes Überlaufrohr ein von der jeweils benötigten Wassermenge unabhängiges konstantes Gefälle. Die gerade Rohrstrecke der Eichleitung vor dem Venturirohr ist in einer Länge

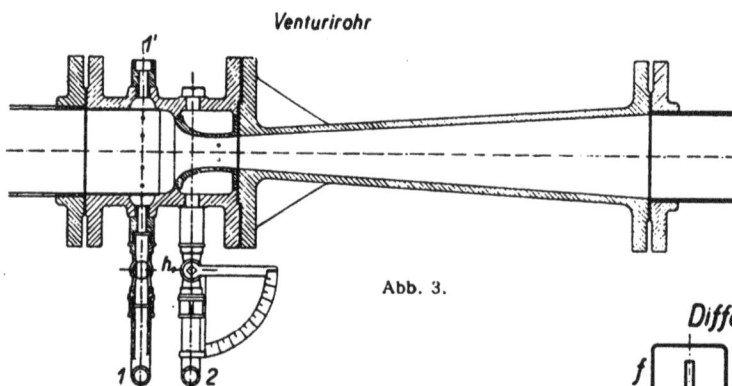

Venturirohr

Abb. 3.

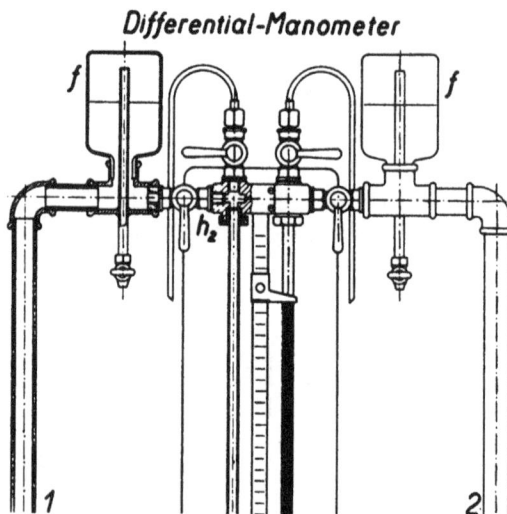

Differential-Manometer

Abb. 4.

von 56 d ausgeführt, um eine gleichmäßige Strömung sicher zu gewährleisten. Aus denselben Gründen ist auch der Drosselschieber S_4 erst im Abstand 38 d hinter dem Venturirohr montiert. Die Wassermenge kann durch zwei Absperrschieber S_1, S_2 in der Hauptleitung und mit den Schiebern S_3, S_4 in der Versuchsleitung eingestellt werden. In den Rohren sind an keiner Stelle Siebe eingebaut, da dies in den meisten Wasseranlagen ebenfalls vermieden wird. Nach dem Schieber S_4 erweitert sich die Rohrleitung auf $D = 150$ mm Durchm. Diese nahtgeschweißten Blechrohre sowohl, als auch der Schieber S_4 sind reichlich belüftet und man kann daher den Strömungsvorgang nach S_4 als Ausgießen in ein offenes Gerinne bezeichnen.

Da von Anfang an die Größenordnung der zu erwartenden Abweichungen des Wertes μ vollständig unbekannt war, mußte größtmöglichste Genauigkeit der Messungen verlangt werden. Auf die konstruktive Durchbildung der Meßorgane ist deshalb besondere Sorgfalt verwendet worden. Die Druckabnahmestellen am Venturirohr für das Quecksilber-Differentialmanometer zur Bestimmung der Durchflußmenge sind in den Abb. 2 und 3 mit 1 und 2 bezeichnet. Die Druckleitungen wurden aus galvanisierten Gasrohren von ⁵/₈″ lichter Weite hergestellt. Dadurch war einerseits das Auftreten von Luftpfropfen ausgeschlossen, andererseits aber auch die Rostbildung vermieden, welche sich bei der früheren Ausführung in gewöhnlichen Eisenrohren durch Absetzen einer Rostschicht auf den Quecksilberkuppen sehr störend bemerkbar gemacht hatte. Aus demselben Grunde wurden auch alle dem Wasser ausgesetzten Eisenteile des Manometers mit Kessellack überstrichen. Um die unvermeidbaren Druckschwankungen von der Quecksilbersäule fernzuhalten, mußten Dämpfungsglieder eingeschaltet werden. Dies geschah erstens durch Einbau von Drosselhähnen h_1 in Abb. 3 mit Teilkreisen, welche für alle Versuche einen konstanten Drosselungsgrad einzustellen gestatteten. Zweitens wurden dem Manometer Kapazitäten in Form von Luftflaschen f in Abb. 4 vorgeschaltet.

Die Versuche wurden mit drei Venturidüsen durchgeführt, um auch einen etwaigen Einfluß des Verengungsverhältnisses F_2/F_1 auf die Abweichungen des μ-Wertes feststellen zu können. Da nun die Baulänge des Venturirohres für alle Düsen konstant $= 7\,d_1$ war, ergaben sich damit drei verschiedene Kegelwinkel für die an die Düsen sich anschließenden Auslaufrohre; dies ermöglichte gleichzeitig Versuche durchzuführen zur Klärung der Frage über den Wirkungsgrad der Energieumsetzung in kegelförmig erweiterten Rohren. Es war deshalb noch ein zweites Differentialmanometer an den Meßstellen 1' und 3 der Abb. 2 und 3 angeschlossen. Der Abstand der Meßstelle 3 vom hinteren Ende des Venturirohres wurde $= 5,5\,d_1$ ausgeführt, da die Versuche von Riffart[1]) und Schütt[2]) ergeben haben, daß der Mischungsvorgang erst eine gewisse Strecke

Abb. 5.

nach der Rohrerweiterung als beendet angesehen werden kann. Da es sich bei der Bestimmung der Verluste um die Messung von Druckunterschieden handelt, die 5—6mal kleiner sind, als die Druckunterschiede bei der Wassermessung, wurde als Sperrflüssigkeit Azetylentetrabromid vom spez. Gewicht $\gamma \cong 3$ verwendet. Um den tatsächlichen Druckverlust des Venturirohres zu erhalten, mußte von den gemessenen Werten der Reibungsverlust der Rohrstrecke nach dem Auslaufrohr bis Meßstelle 3 abgezogen werden. Zu diesem Zweck ist der Rohrreibungsfaktor λ zwischen den Meßstellen 4 und 5 der Abb. 2 durch besondere Versuche ermittelt worden. Abb. 5 zeigt die Anordnung der Manometer.

Aus folgender Zahlentafel sind die allgemeinen Meßdaten ersichtlich.

Düse Nr.	d_1 mm	d_2 mm	$\dfrac{1}{\eta} = \dfrac{F_1}{F_2}$	Konstante $C\left[\dfrac{m^{1,1}}{sec}\right]$ aus $Q_0\left[\dfrac{1}{sec}\right] = C \cdot \sqrt{H[mm\,Q.S.]}$	v_{2max} $\dfrac{m}{sec}$	Q_{max} $\dfrac{1}{sec}$
I	101,4	24,95	16,520	0,24346	13,70	6,70
II	101,4	36,01	7,930	0,50985	13,75	14,00
III	101,4	49,98	4,117	1,0050	14,00	27,49

[1]) Literaturverzeichnis 2.
[2]) Literaturverzeichnis 3.

Die Wassermengenmessung erfolgte durch Wägung. Das Wasser konnte mit einem Schwenkarm in einen, auf einer Dezimalwaage stehenden Meßbottich von 1,1 m³ Inhalt geleitet werden.
Da sich, wie aus obiger Zahlentafel ersichtlich ist, wegen der ziemlich großen Wassermengen relativ
kleine Einlaufzeiten ergaben (ca. 35—80 sec), mußte mit Rücksicht auf genügende Versuchsgenauigkeit von einer Zeitmessung mit Stoppuhr abgesehen werden. Die Einlaufzeit wurde deshalb durch
einen vom Schwenkarm betätigten elektrischen Kontakt auf das Registrierband eines Chrono-
graphen aufgezeichnet. Der Kontakt war so eingerichtet, daß der Stromstoß in dem Augenbick
erfolgte, in dem der Schwenkarm die Mittelstellung durchlief, in der die Hälfte des Wassers in den
Meßbottich, die andere Hälfte in den Ablauf floß. Hierbei konnte durch Verschiedenheit der
Schwenkgeschwindigkeiten zu Anfang und Ende der Bottichfüllung ein Fehler in der Zeitmessung
auftreten. Zur Vermeidung desselben mußten die Schwenkzeiten so kurz wie möglich gehalten
werden. Bei Betrieb des Schreibrelais mit Schwachstrom ist man jedoch an einen gewissen Mindest-
wert der Schwenkzeit gebunden, da ersteres infolge der großen Zeitkonstante seiner Magnetspulen
sonst nicht anspricht. Dieser Übelstand konnte durch Speisung des Relais mit Starkstrom beseitigt
werden unter Vorschaltung einer Metallfadenlampe, deren Widerstand bei Nullstrom ein Bruchteil
des Betriebswiderstandes ist und somit beim Einschalten kurze, aber sehr starke Stromstöße verursacht. Durch diese Anordnungen konnte der Höchstfehler der Wassermessung auf ca. 0,5⁰/₀₀
(Promille) herabgedrückt werden.

III. Durchführung der Versuche.

Versuche von Andres[1]) und Hochschild[2]) haben ergeben, daß der in verengten Kanälen er-
zeugte Druckunterschied unabhängig von dem jeweiligen Anfangsdruck p_1 ist, so lange sich der
Druckabfall im engsten Querschnitt nicht dem Atmosphärendruck nähert oder ihn unterschreitet;
im letzteren Falle entweicht die im Wasser gelöste Luft, und es beginnt sich Wasserdampf zu ent-
wickeln, Vorgänge, die unter dem Namen Kavitationserscheinungen bekannt sind und die Meßergebnisse ganz erheblich fälschen können.

Die normalen Versuchsreihen wurden daher bei annähernd konstantem Anfangsdruck
$\frac{p_1}{\gamma} = 13{,}5$ m W.S. Überdruck durchgeführt und die Durchflußmengen mit dem Schieber S_4 in
Abb. 2 eingestellt, wobei Schieber S_1, S_2, S_3 vollständig geöffnet blieben.

Da beim Durchfluß von Wasser durch Krümmer und Doppelkrümmer an örtlich begrenzten
und zeitlich wechselnden Stellen (im Kern der Wirbel) ein unter den allgemeinen Flüssigkeits-
druck herabgehender Druck entstehen kann, war es von Interesse den etwaigen Einfluß einer
Druckerniedrigung im engsten Querschnitt zu ermitteln. Es wurde daher eine zweite Versuchsreihe
mit $\frac{p_2}{\gamma} = 1$ m W.S. = konstant durchgeführt, erreicht durch gleichzeitiges Verstellen aller vier
Schieber.

Die Konstanz des Druckgefälles infolge der bereits erwähnten besonderen Hochbehälter-
konstruktion war so gut erreicht, daß Wassermessungen, die im Beharrungszustand in Zeitabständen von 15 min ausgeführt wurden, eine Streuung von etwa $\pm 0{,}3$⁰/₀₀ aufwiesen. Unter diesen
Umständen war es möglich, die beiden Druckhöhen h_1 und h_2 des Differentialmanometers durch
zeitlich nacheinanderfolgende Ablesungen zu ermitteln; die immer noch bestehenden Schwankungen der Sperrflüssigkeitssäulen wurden dabei durch 6—8 maliges Ablesen und Mittelwerts-
bildung eliminiert.

Durch diese Art der Versuchsdurchführung war es möglich geworden, den durchschnittlichen
Fehler bei der Ermittlung des Venturikoeffizienten μ auf 1⁰/₀₀ herabzudrücken, so daß selbst die
kleinsten Abweichungen von den Eichwerten erkannt werden konnten.

---

[1]) Literaturverzeichnis 4.
[2]) Literaturverzeichnis 5.

IV. Versuchsergebnisse.

a) Einfluß der Krümmer auf den Venturikoeffizienten.

Mit allen drei Düsen wurden je fünf Versuchsreihen durchgeführt, und zwar:

Reihe a: Gerade Rohrstrecke . . . . . . Länge = 56 d_1 (Eichung)

  ,,   b: Normalkrümmer . . . . Abstand = 0   vom Eintrittsquerschnitt

  ,,   c: Doppelkrümmer . . . . ,, = 0   des Venturirohres gerechnet,

  ,,   d: Normalkrümmer . . . . ,, = 2 d_1 der um 0,7 d_1 vor dem Meß-

  ,,   e: Doppelkrümmer . . . . ,, = 2 d_1 querschnitt 1 liegt (Abb. 6).

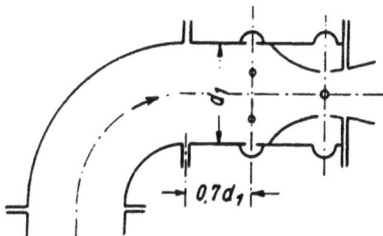

Abb. 6a. Normal-Krümmerabstand = 0.   Abb. 6b. Normal-Krümmerabstand = 2 d.

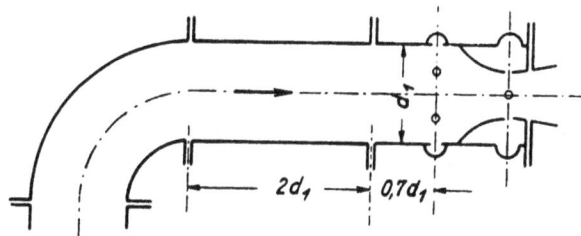

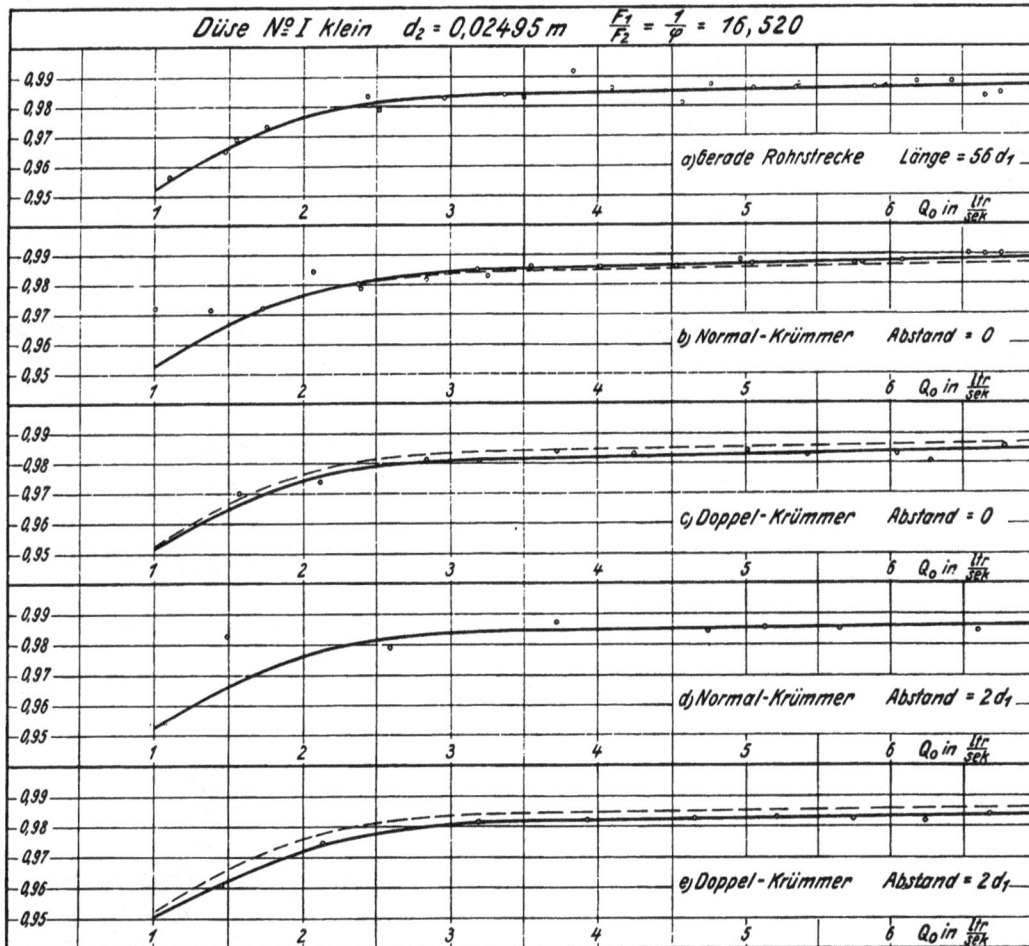

Abb. 7.

Ab. 5 läßt den Aufbau für die Versuchsreihe c erkennen.

Alle Versuchsreihen wurden bei $\frac{p_1}{\gamma}$ = 13,5 m W.S. Überdruck = konst., die Versuchsreihen b und c außerdem bei $\frac{p_2}{\gamma}$ = 1,0 m W.S. Überdruck = konst. durchgeführt. Zwischen diesen beiden Drosselarten war kein Unterschied feststellbar; daher sind ihre Meßpunkte ohne Unterscheidung gemeinsam in die Schaubilder eingetragen worden.

In den Abb. 7—9 sind nun die μ-Werte abhängig von der theoretisch errechneten Durchflußmenge Q_0 aufgetragen, und zwar sind die Eichkurven der Versuchsreihen a in die Schaubilder der anderen Versuchsreihen b bis d punktiert eingetragen, um die ermittelten Abweichungen sofort erkennen zu lassen.

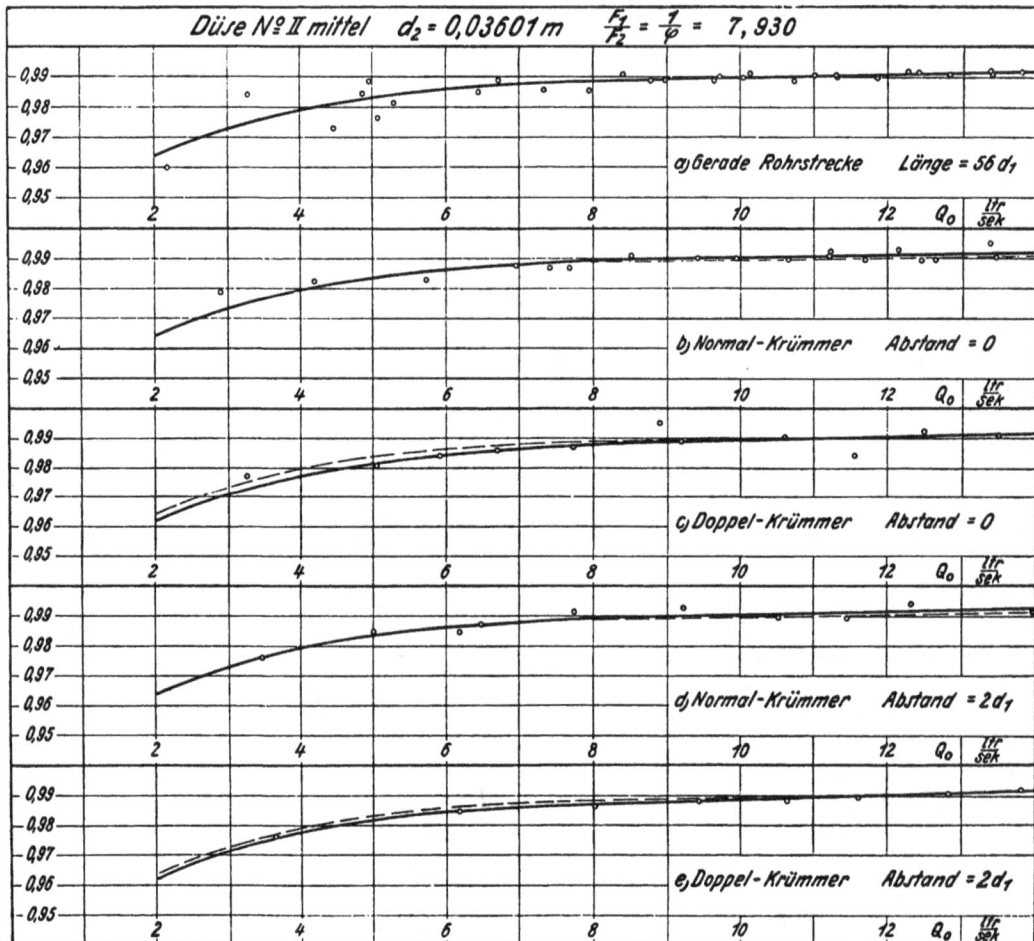

Abb. 8.

Absolut genommen ist der Einfluß des Doppelkrümmers etwas größer als der des einfachen Krümmers, was zu erwarten war. Die relativen Abweichungen von den Eichkurven sind jedoch so gering — sie bewegen sich zwischen 0 und 2,5⁰/₀₀ —, daß sie bei der in praktischen Fällen vorkommenden und verlangten Meßgenauigkeit vernachlässigt werden können. Da dieses sehr wichtige und sicherlich auch überraschende Ergebnis schon durch die Versuchsreihen b und c festgelegt war, wurden die Reihen d und e, bei denen von vornherein ein noch geringerer Einfluß erwartet werden konnte, lediglich als Kontrollmessungen durchgeführt.

Erwähnt sei noch, daß die in die Eichkurven *a* eingetragenen Versuchspunkte sich aus Messungen ergaben, die teils vor, teils nach der Durchführung der Versuche b bis e vorgenommen wurden. Die Eigenschaften des Venturirohres haben sich also während der 6 Monate dauernden Untersuchung nicht merklich geändert.

Zur Bestimmung des Rohrreibungsfaktors λ wurden Rohr 4—5 und Venturimesser miteinander vertauscht, um eine Beeinflussung der Druckanzeige im Meßquerschnitt 5 durch den mit wechselnden Öffnungen verwendeten Schieber S_4 zu vermeiden. Gleichzeitig ergab sich dabei die Gelegenheit, den etwaigen Einfluß eines unmittelbar hinter dem Venturirohr angebrachten und zur Drosselung benützten Schiebers zu ermitteln.

Ein praktisch nennenswerter Einfluß konnte nicht festgestellt werden.

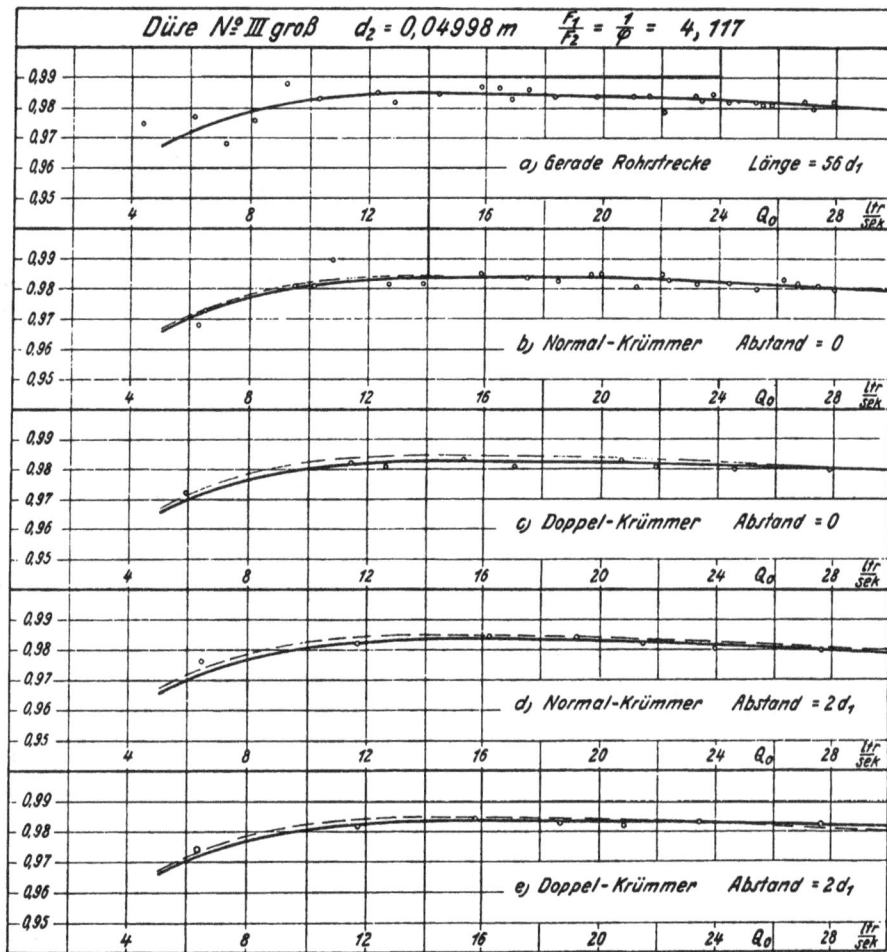

Abb. 9.

b) Einfluß der Krümmer auf den Druckverlust des Venturirohres.

Da die Druckverlustbestimmung gleichzeitig mit der Venturimessung durchgeführt wurde, weist erstere dieselben Versuchsreihen auf wie unter IV a angeführt. Zur Beurteilung der Meßergebnisse sollen zunächst auch hier die Meßfehler diskutiert werden. Die Durchflußmenge konnte, wie unter II erwähnt, mit einem Höchstfehler von $\pm 0,25^0/_{00}$ bestimmt werden. Hinsichtlich der Druckmessungen war in Abschnitt II bereits angegeben, daß als Sperrflüssigkeit im Differentialmanometer Azetylentetrabromid verwendet wurde. Dieser Stoff hat sich im allgemeinen gut bewährt; störend wirkte nur seine stark netzende Eigenschaft, die die Ausbildung eines scharfen Meniskus häufig verhinderte. Da ferner Winkel[1]) eine zeitliche Veränderung des spez. Gewichtes solcher Stoffe festgestellt hat, wurde γ nach jeder Versuchsreihe durch Pyknometermessung kontrolliert. Die maximale Abweichung ergab sich dabei zu $F_{max} = 0,13^0/_{00}$, ist also verhältnismäßig gering. Zur Beurteilung der erreichten Genauigkeit wurden für die Versuchsreihe b in Abb. 10 die Kurven $h_v = f(v_2{}^2)$ aufgetragen. Hierin bedeutet h_v den gemessenen Druckverlust zwischen den Meßstellen 1' und 3.

Um den Druckverlust $h_v{}'$ zu erhalten, der durch das Venturirohr verursacht ist, muß von h_v der Rohrreibungsverlust nach der Formel

$$h_w = \lambda \cdot \frac{L}{D} \cdot \frac{v_1{}^2}{2\,g} \quad \text{(für } L = 0,55 \text{ m)}$$

subtrahiert werden.

Da es sich hier in der Hauptsache um qualitative Untersuchungen handelt, kann man, ohne durch die Vernachlässigung des Reibungsverlustes zwischen den Meßquer; schnitten 1' und 2 einen großen Fehler zu machen, den Wert h'_v als den Verlust der Energieumsetzung in den konisch erweiterten Auslaufrohren bezeichnen. Aus Abb. 10 ist nun ersichtlich, daß bei allen Düsen der Druckverlust h_v für Werte $v_2 > 4,5$ m/sec linear mit dem Geschwindigkeitsquadrat ansteigt. Für die kleinste Düse I ist h_v sogar proportional $v_2{}^2$, und zwar herab bis zu den kleinsten untersuchten Geschwindigkeiten.

Die folgenden Ableitungen gelten für Düse II und III nur mit der Einschränkung $v_2 > 4,5$ m/sec.

Es bedeutet unter Bezugnahme auf Abb. 1:

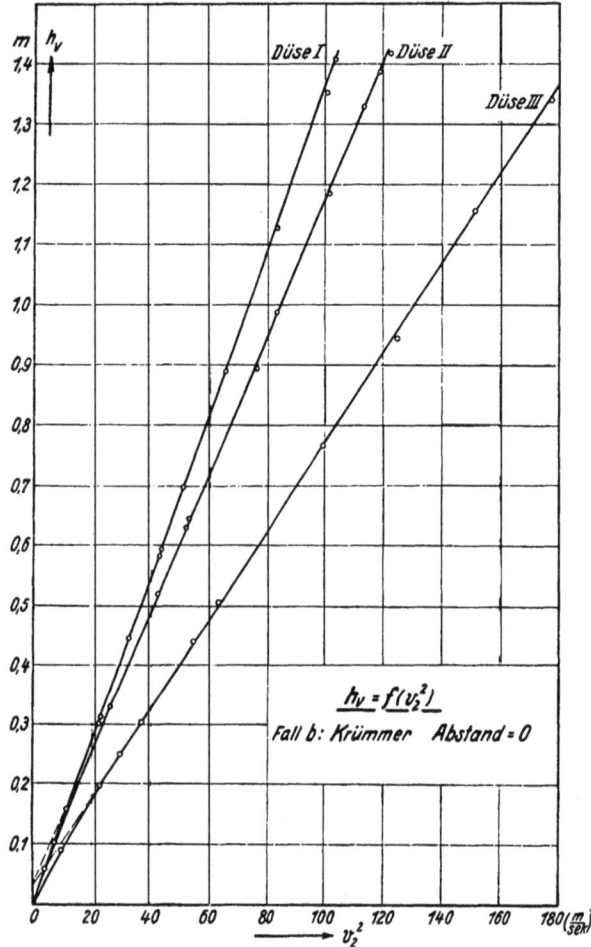

Abb. 10.

p_1, p_2 die statischen Drücke in den Querschnitten 1 und 2,
v_1, v_2 die entsprechenden Geschwindigkeiten,
F_1, F_2 die Rohrquerschnitte,
L die Rohrlänge,
D den Rohrdurchmesser im Querschnitt 1 bzw. 3,
h_w den Druckabfall durch Wandreibung,
h_v den gemessenen Druckabfall,
h'_v den durch das Venturirohr verursachten Druckverlust,
λ den Rohrreibungskoeffizienten;
c_1, C_1 usw. sind Konstante.

Aus den Kurven $h_v = f(v_2{}^2)$ der Abb. 10 ermitteln sich die Gleichungen:

$$\text{Düse I} \qquad h_v = c_1 \cdot v_2{}^2 \quad \dots \dots \dots \dots \dots \quad (9)$$

$$\text{« II u. III} \quad h_v = c_1 \cdot v_2{}^2 + c_2 \quad \dots \dots \dots \dots \quad (10)$$

_____

[1]) Literaturverzeichnis 6.

h_w wurde aus der Formel

$$h_w = \lambda \cdot \frac{L}{D} \cdot \frac{v_1^2}{2g}$$

ermittelt.

Setzt man $v_1 = v_2 \cdot \frac{F_2}{F_1}$, so erhält man

$$h_w = \lambda \cdot \frac{L}{D} \cdot \left(\frac{F_2}{F_1}\right)^2 \cdot \frac{v_2^2}{2g} = c_3 \cdot v_2^2 ; \quad \ldots \ldots \ldots \ldots (11)$$

da nach obigem

$$h_v' = h_v - h_w \quad \ldots \ldots \ldots \ldots \ldots (12)$$

ist, erhält man für Düse I $h_v' = c_1 \cdot v_2^2 - c_3 \cdot v_2^2 = (c_1 - c_3) \cdot v_2^2$,

» » II u. III $h_v' = c_1 \cdot v_2^2 + c_2 - c_3 \cdot v_2^2 = (c_1 - c_3) v_2^2 + c_2$.

Man pflegt diese Verluste allgemein in Bruchteilen der Druckhöhe H auszudrücken, die man bei verlustloser Verzögerung der Geschwindigkeit v_2 auf v_1 gewinnen könnte. Bezeichnet man mit η den Wirkungsgrad der Energieumwandlung, so ist

$$\eta = \frac{H - h_v'}{H} \quad \ldots \ldots \ldots \ldots \ldots (13)$$

oder der verhältnismäßige Druckverlust

$$\frac{h_v'}{H} = 1 - \eta \quad \ldots \ldots \ldots \ldots \ldots (14)$$

Für diese Untersuchung darf man $\mu = 1$ setzen. Man erhält dann

$$H = \frac{p_1 - p_2}{\gamma} = \frac{v_2^2 - v_1^2}{2g} = 1 - \left(\frac{F_2}{F_1}\right)^2 \cdot \frac{v_2^2}{2g} = c_4 \cdot v_2^2 ;$$

somit für Düse I $\quad 1 - \eta = \frac{(c_1 - c_3) v_2^2}{c_1 \cdot v_2^2} = \frac{c_1 - c_3}{c_4}$,

II u. III $1 - \eta = \frac{(c_1 - c_3) v_2^2 + c_2}{c_4 \cdot v_2^2} = \frac{c_1 - c_3}{c_4} + \frac{1}{v_2^2} \cdot \frac{c_2}{c_4}$.

Setzt man nun

$$\frac{c_1 - c_3}{c_4} = C_1 \quad \ldots \ldots \ldots \ldots \ldots (15)$$

und

$$\frac{c_2}{c_4} = C_2 , \quad \ldots \ldots \ldots \ldots \ldots (16)$$

so erhält man

für Düse I $\quad 1 - \eta = C_1 , \quad \ldots \ldots \ldots \ldots \ldots (17)$

für Düse II u. III $\quad 1 - \eta = C_1 + \frac{C_2^2}{v_2^2} ;$ für $v_2 > 4{,}5$ m/sec $\quad \ldots \ldots \ldots (18)$

Man sieht ferner, daß das Glied $\frac{C_2}{v_2^2}$ für große Geschwindigkeiten praktisch vernachlässigt werden kann. Gl. (18) geht dann in Gl. (17) über und ergibt Übereinstimmung mit dem Ergebnis von Andres:

„Jedes Rohr hat innerhalb der für die Versuche geltenden Geschwindigkeitsgrenzen von 10 bis 40 m/sec einen bestimmten Wirkungsgrad, welcher nur durch den Wirbelungszustand des durchströmenden Wassers geändert wird."

Nachfolgende Zahlentafel gibt eine Übersicht über die Werte der Konstanten C_1 und C_2, die nach Gl. (15) und (16) auf Grund der aus Abb. 10 entnommenen Werte von c_1, c_2, c_3 und c_4 errechnet wurden.

Versuchsreihe		Düse III $1-\eta=C_1+\frac{C_2}{v_2^2}$		Düse II		Düse I $1-\eta=C_1$
		C_1	C_2	C_1	C_2	C_1
a) Gerade Rohrstrecke		0,1371	0,4585	0,2013	0,558	0,2530
b) Krümmer	Abstd. = 0	0,1491	0,4585	0,2247	0,658	0,2644
c) Doppelkrümmer	Abstd. = 0	0,1423	0,4585	0,2113	0,574	0,2713
d) Krümmer	Abstd. = $2 d_1$	0,1491	0,4585	0,2247	0,658	0,2644
e) Doppelkrümmer	Abstd. = $2 d_1$	0,1452	0,4585	0,2175	0,855	0,2644

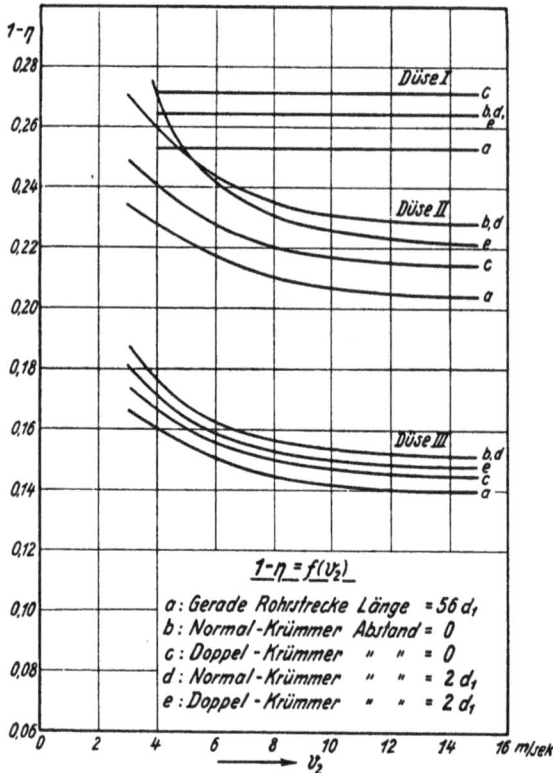

$1-\eta = f(v_2)$

a : Gerade Rohrstrecke Länge = 56 d_1
b : Normal-Krümmer Abstand = 0
c : Doppel-Krümmer   "   " = 0
d : Normal-Krümmer   "   " = 2 d_1
e : Doppel-Krümmer   "   " = 2 d_1

Abb. 11.

Mit diesen Werten von C_1 und C_2 wurden die Kurven der Abb. 11 gezeichnet, die den Einfluß der verschiedenen Strömungszustände auf den Druckverlust bzw. Wirkungsgrad der Energieumwandlung erkennen lassen.

Danach ergibt die vorgeschaltete gerade Rohrstrecke von 56 d_1 Länge bei allen Düsen den kleinsten Verlust.

Den größten Verlust verursacht bei den beiden weiteren Düsen der einfache Krümmer, während er bei der kleinsten Düse I durch den Doppelkrümmer bewirkt wird.

In gedrängter Fassung haben die vorliegenden Untersuchungen folgende Ergebnisse gezeitigt:

Wenn das Verhältnis der beiden Meßquerschnitte in den untersuchten Bereich von ungefähr 4:1 bis 16:1 fällt, kann der Einfluß von nahen Krümmern und Doppelkrümmern auf den für die Bestimmung der Durchflußmenge maßgebenden Venturikoeffizienten bei der praktisch geforderten und erreichbaren Genauigkeit unbedenklich vernachlässigt werden. Eine nochmalige Eichung des Messers nach dem Einbau nahe hinter Krümmern ist nicht erforderlich. Die bisher verlangte gerade Rohrstrecke von ca. 5 d Länge braucht nicht eingehalten werden.

Hinsichtlich des — für die Messung der Wassermenge bedeutungslosen — Druckverlustes konnte ein wenn auch geringer Einfluß der vorgeschalteten Krümmer — etwa $^1/_{12}$ — festgestellt werden.

Die Feststellung des Verhaltens von Venturimessern mit geringeren Querschnittsverhältnissen als 4:1 muß späteren Untersuchungen vorbehalten bleiben.

Literaturverzeichnis.

1. A. Grunwald: Über das Wesen der Druckdifferenzmessung. Siemens-Mitteilungen 1925, Nr. 2 und 3.
2. Riffart: Über Versuche mit Verdichtungsdüsen (Diffusoren). Forschungsarbeiten des V.D.I., Heft 257.
3. H. Schütt: Versuche zur Bestimmung des Energieverlustes bei plötzlicher Rohrerweiterung. — Mitteilungen des Hydraulischen Instituts der Technischen Hochschule München, Heft 1.
4. K. Andres: Versuche über die Umsetzung von Wassergeschwindigkeit in Druck. — Forschungsarbeit des V.D.I., Heft 76.
5. H. Hochschild: Versuche über die Strömungsvorgänge in erweiterten und verengten Kanälen. — Forschungsarbeiten des V.D.I., Heft 114.
6. Winkel: Staurohr zum Messen des Druckes und der Geschwindigkeit im fließenden Wasser. Zeitschrift des V.D.I. 1923, Heft 23.

Beeinflussung der Anzeige von Venturimessern durch kleine Abweichungen in der Düsenform.

Von J. Spangler.

Der Erfinder des Venturimessers, Herr Clemens Herschel, New York, hat vor etwa einem halben Jahre angeregt, Serien von Venturimessern zu prüfen. Dies war die Veranlassung, die folgenden, übrigens schon seit längerer Zeit im Programme des Instituts vorgesehenen Untersuchungen beschleunigt durchzuführen. Es sollte die Frage entschieden werden, ob kleine Abweichungen in der Form von Venturidüsen den Venturikoeffizienten beeinflussen; hiermit hängt offenbar auch die andere Frage, ob es notwendig ist, jeden Venturimesser eigens zu eichen, unmittelbar zusammen.

Die Firma Bopp & Reuther, Mannheim-Waldhof, hat in liebenswürdiger Weise zwei handelsübliche Venturimesser von gleicher Baulänge, aber mit verschiedenen Verengungsverhältnissen, zum Einbau in eine Rohrleitung von 100 mm Lichtweite zur Verfügung gestellt. (Die Bauart des Gehäuses war dieselbe wie bei dem, in diesem Heft auf Seite 32, Abb. 3, dargestellten Venturimesser.) Die Verengungsverhältnisse φ (Quotient der Durchflußflächen beider Meßquerschnitte) waren $\varphi = 3,85$ und $\varphi = 16,0$. (Abb. 1 u. 2.) Zu jedem Venturimesser wurden fünf leicht auswechselbare Messingdüsen mit gleichen lichten Enddurchmessern und gleichen Längen mitgeliefert, die in die Zentrierungen des Gußstückes genau eingepaßt waren. Die Erzeugenden der einzelnen Düsen unterschieden sich um kleine, durch die Art der Herstellung verursachte Beträge. Nach Angaben der genannten Firma wurden zur Herstellung der Düsen keine genau kalibrierten Lehren für die Düsenform verwendet; außerdem wurde nicht darauf geachtet, daß der Rauhigkeitsgrad der benetzten Oberflächen bei allen Düsen möglichst gleich wurde.[1] Um die Unterschiede in den Düsenformen feststellen zu können, wurde für eine Düse eine genau passende Schablone hergestellt und die Größe der Abweichungen der vier anderen Düsen von derselben abgeschätzt. Die Bestimmung der lichten Durchmesser, der zu einem Venturimesser gehörigen fünf Düsen, erfolgte mit Hilfe eines normalen Innentasters; dabei war es nicht möglich, bei den fünf Düsen eines Venturimessers Unterschiede festzustellen. Die Erzeugenden der verschiedenen Düsen unterschieden sich alle voneinander im Bereich des kleinsten Krümmungshalbmessers. Bei den Düsen des Venturimessers mit $\varphi = 16,0$ waren die Abweichungen in den Erzeugenden bei drei Düsen kleiner als etwa 0,5 mm, während bei der vierten ein Unterschied von etwa 1 mm ermittelt werden konnte. Die größte Abweichung bei den Düsen mit $\varphi = 3,85$ dagegen betrug nur 0,3 mm. Daß die Unterschiede in den Erzeugenden im Bereich des kleinsten Krümmungshalbmessers am größten sind, dürfte mit dem Arbeitsgange auf der Drehbank zusammenhängen. Man kann annehmen, daß auch bei Großausführungen die Abweichungen ungefähr im gleichen Bereich auftreten werden und daß dieselben für eine Änderung des Venturikoeffizienten hauptsächlich maßgebend sind. Im folgenden wird die Größe der Abweichung in Prozenten des Rohrdurchmessers angegeben.

Die benutzte Versuchseinrichtung, einschließlich des verwendeten Differentialmanometers mit Quecksilber als Sperrflüssigkeit, entspricht, mit Ausnahme der Waage, derjenigen, die von H. Mueller zur Eichung von Venturimessern verwendet worden ist. Zur Ermittlung der sekundlichen Wassermenge diente eine Dezimalwage mit Bottich von 2,5 m³ Nutzinhalt. Die Einlauf-

---

[1] Die Versuchsergebnisse beweisen deswegen nicht, daß man bei genauerer Herstellung nicht von der Eichung jedes einzelnen Venturimessers absehen darf.

zeiten betrugen bei der vorkommenden Höchstwassermenge von etwa 29,3 l/s rund 91 s (Zeitmessung durch Bandchronograph).

Der Venturikoeffizient μ[1]) ist von einer bestimmten Geschwindigkeit ab von der sekundlichen Durchflußmenge fast unabhängig. Die durchgeführten Versuche beschränken sich auf diesen Bereich. Jede der fünf Düsen der beiden Venturimesser wurde bei drei verschiedenen sekundlichen Wassermengen untersucht. Die Einstellung derselben erfolgte mit dem am Ende der Auslaufstrecke angebrachten Schieber, wobei darauf geachtet wurde, daß zur Vermeidung einer Fälschung

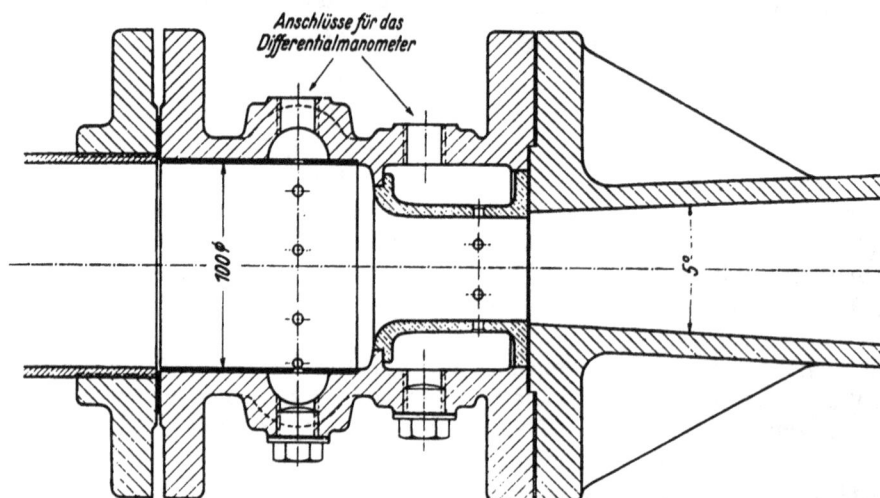

Abb. 1. Venturimesser mit dem Verengungsverhältnis $\eta = 3{,}85$.

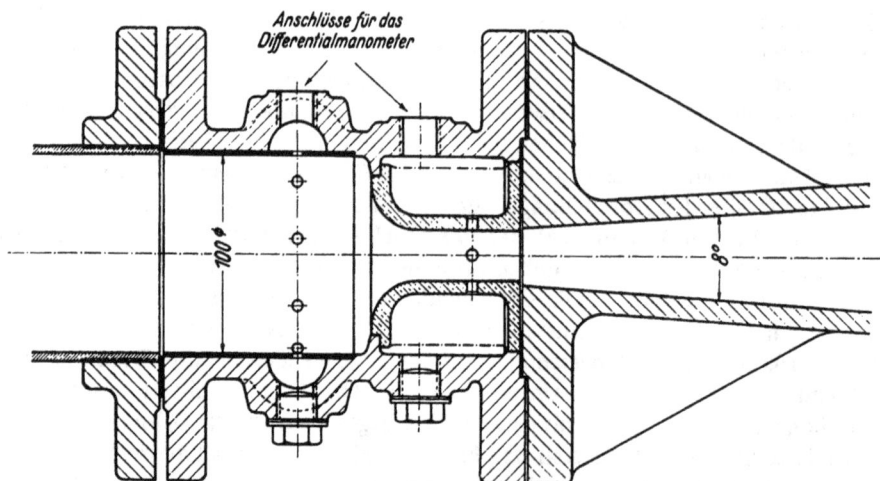

Abb. 2. Venturimesser mit dem Verengungsverhältnis $\eta = 16{,}0$.

der Versuchsergebnisse durch Kavitationserscheinungen im engsten Querschnitt der Düse stets Überdruck vorhanden war (13,5 m W.S. Überdruck vor dem Venturimesser). Bei jeder Schieberstellung wurden nach Erreichung des Beharrungszustandes in Zeitabständen von ungefähr 20 min drei aufeinander folgende Messungen ausgeführt. Die Dauer einer Messung war bei der verwendeten Waage auch bei den Höchstwassermengen noch ausreichend, um an den beiden Sperrflüssigkeits-

---

[1]) $\mu = \dfrac{Q}{Q_0}$; Q = tatsächliche, sekundliche Durchflußmenge, Q_0 = theoretische, aus dem Druckunterschiede folgende, sekundliche Durchflußmenge.

säulen des Manometers, deren Schwankungen durch Drosselhähne verkleinert waren, je sechs Ablesungen machen zu können. Aus den Mittelwerten wurden die Druckunterschiede ermittelt.

In den Abb. 3 und 4 sind die Koeffizienten der verschiedenen Düsen beider Venturimesser in Abhängigkeit von der aus dem Druckunterschiede folgenden sekundlichen Wassermenge Q_0 in großem Maßstabe dargestellt. In diese Abbildungen sind nicht, wie meistens üblich, Mittelwerte

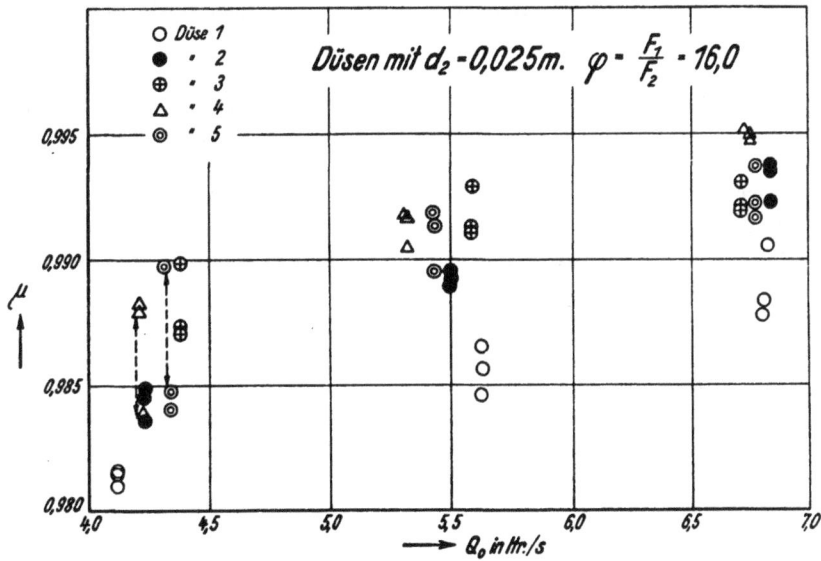

Abb. 3.

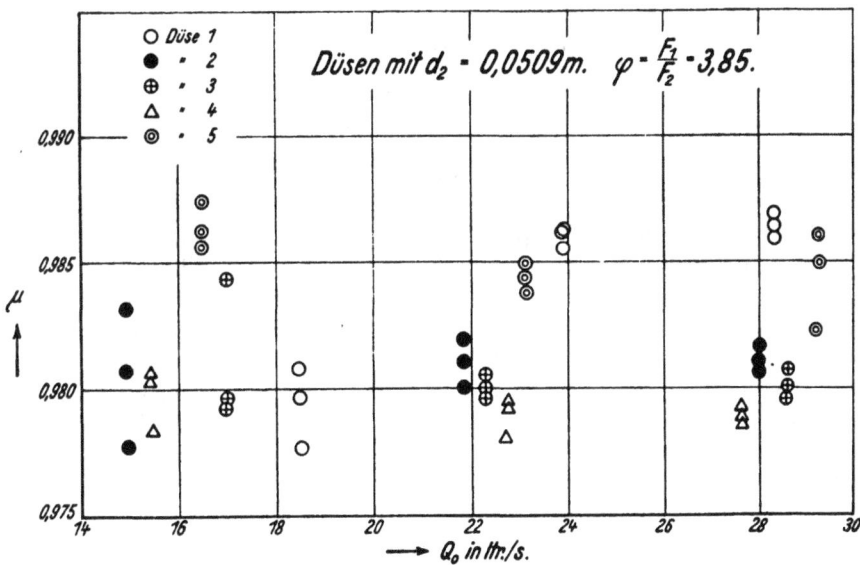

Abb. 4.

aus mehreren Messungen eingetragen, sondern jeder Punkt gibt das Ergebnis einer Einzelmessung an. Die Abweichungen von dem Mittelwert der bei gleichem Q_0 ausgeführten drei Messungen sind somit ein Maß für die Streuung. Dieselbe ist bei den meisten sekundlichen Durchflußmengen kleiner als $\pm 1^0/_{00}$. Zu den Unterschieden bis zu $5^0/_{00}$ bei den Düsen 4 und 5 bei kleinen Wassermengen in Abb. 3 ist zu bemerken, daß diese Abweichungen auf die starke Drosselung der Druckschwankungen am Manometer zurückzuführen sind. Die Sperrflüssigkeitssäule, welche sich bei periodischen Schwankungen wegen der Drosselung auf einen mittleren Wert einstellt, zeigt nur kurze Zeit dauernde, kleine Druckänderungen nicht mehr genügend rasch an. Die nicht periodischen Druckschwankungen sind dadurch entstanden, daß bei der Untersuchung der Düsen 4 und 5 bei einer gleichzeitig im Betrieb gewesenen, zweiten Versuchseinrichtung, die an dieselbe Hauptleitung angeschlossen war, Änderungen in der Wassermenge vorgenommen wurden. Die größeren Schwankungen der μ-Werte bei kleinen Wassermengen in Abb. 4 dagegen sind durch labile Strömungszustände verursacht.

Gegenüber Düse 2 der Abb. 3 sind die kleinsten Krümmungsradien der Erzeugenden der vier übrigen Düsen etwas größer. In den μ-Werten der Düsen 3, 4 und 5, deren Erzeugende Abweichungen von weniger als 0,5% des Rohrdurchmessers aufwiesen, lassen sich im Vergleich zu Düse 2 nur bei kleinen Wassermengen Unterschiede erkennen, die größer als die Meßgenauigkeit sind. Dagegen ergeben sich für Düse 1 mit einer Abweichung der Erzeugenden von rund 1% des Rohrdurchmessers bei allen Wassermengen um etwa 0,5% kleinere μ-Werte. Es zeigt sich aber innerhalb der Grenzen der untersuchten Abweichungen keine Gesetzmäßigkeit. Beim Vergleich der Abb. 3

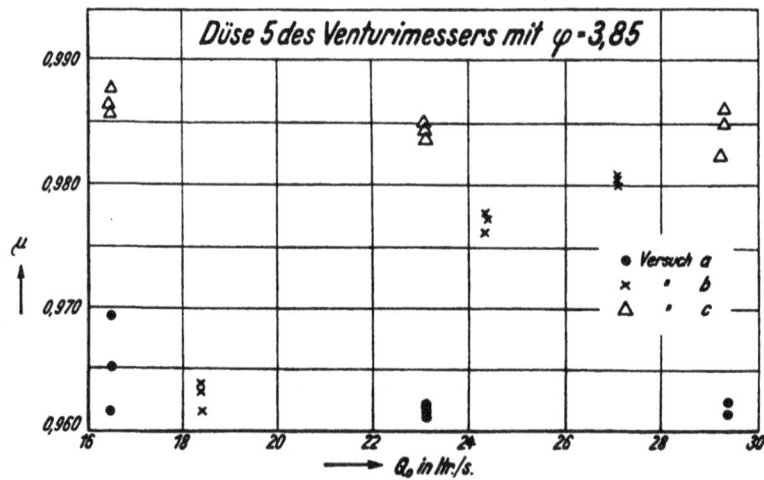

Abb. 5.

mit 4 ergibt sich, daß der Einfluß der prozentualen Abweichungen auf den Venturikoeffizienten von der absoluten Größe des kleinsten Krümmungshalbmessers abhängt, der bei den untersuchten Düsen wohl überhaupt etwas zu klein gewählt ist. Die kleinsten Krümmungsradien der Erzeugenden der Düsen mit $\varphi = 3,85$ sind um rund 11 mm kleiner als die der Düsen mit $\varphi = 16,0$. Bei ersteren führt eine Abweichung von 0,3% bereits zu Unterschieden in den μ-Werten von 0,4 bis 0,5%, während hierfür bei letzteren eine Abweichung von ungefähr 1% notwendig ist.

Um den großen Unterschied von etwa 0,7% in den Venturikoeffizienten der Düsen 1 und 5 in Abb. 4 bei kleinen Wassermengen genauer zu untersuchen, wurden mit Düse 5 drei Versuche durchgeführt. Das Ergebnis derselben ist in Abb. 5 dargestellt. Bei Versuch a und b war die Düse ungefähr drei Wochen in ruhendem Wasser gelegen. Dabei hatten sich die mit Wasser in Berührung kommenden Oberflächen mit einem Kalkbelag überzogen, der die Rauhigkeit vergrößerte. Die Werte des Versuches c, die mit denen in Abb. 4 identisch sind, wurden nach sorgfältiger Entfernung des Kalkbelages erhalten. Die Unterschiede zwischen Versuch b und c bei mittleren und großen Wassermengen könnte man als Einfluß der Rauhigkeit erklären, aber nicht die Abweichungen in den μ-Werten bis zu 2% zwischen Versuch a und c. Ein weiterer Versuch mit Düse 1 ergab bei sauberer Oberfläche bei mittleren und großen Wassermengen — von geringen Unterschieden abgesehen — die μ-Werte der Abb. 4, während die μ-Werte bei kleiner Wassermenge des zweiten Versuches gegenüber denjenigen des ersten um 2% kleiner sind. Ein dritter Versuch mit Düse 1 und kalkiger Oberfläche bestätigte das Ergebnis des ersten Versuches mit metallischer Oberfläche. Hiermit dürfte erwiesen sein, daß die Oberflächenbeschaffenheit der Düse den Venturikoeffizienten nur in untergeordnetem Maße beeinflußt, und daß die Abweichungen vorwiegend durch andere Umstände, wahrscheinlich durch labile Strömungszustände, bedingt sind. Zu demselben Ergebnis in bezug auf Oberflächenbeschaffenheit gelangte bei gleicher Versuchsgenauigkeit auch H. Mueller, welcher bei Venturidüsen, die durch monatelange Benutzung sich mit einer Kalkschicht überzogen hatten, keine Veränderungen der μ-Werte feststellen konnte.

Die auftretenden labilen Strömungszustände sind, wie man auf Grund früherer Untersuchungen[1]) vermuten darf, durch zu kleine Krümmungsradien der Erzeugenden der Düse verursacht. Die von H. Mueller untersuchten Venturidüsen unterscheiden sich der Form nach zu sehr von denen dieser Untersuchung, so daß ein Vergleich nicht möglich ist.

In gedrängter Fassung haben die durchgeführten Untersuchungen ergeben:

Je nach dem Verengungsverhältnis φ können bei Venturidüsen im Bereich des kleinsten Krümmungshalbmessers auftretende Abweichungen in der Düsenform von 0,3% bis 1% Unterschiede im Venturikoeffizienten bis zu 0,5% verursachen. In Anbetracht der für praktische Wassermessungen geforderten Genauigkeit von 1% können solche Unterschiede als noch zulässig angesehen werden. Da man nicht voraussagen kann, ob eine kleine Abweichung von einer bestimmten Düsenform eine Vergrößerung oder Verkleinerung des Venturikoeffizienten verursacht, so empfiehlt es sich, jeden Venturimesser selbst zu eichen. Für den Fall jedoch, daß bei sehr großen Ausführungen eine genaue Eichung nicht mehr möglich ist, wird bei den untersuchten Verengungsverhältnissen eine Übertragung der an einem Modell gewonnenen Eichergebnisse auf eine Großausführung — bei nicht zu großen Unterschieden in den Reynoldschen Zahlen — für in der Praxis vorkommende Messungen genügend genau sein. Zu dieser Annahme ist man umsomehr berechtigt, da die absolute Rauhigkeit einer Venturidüse das Meßergebnis nicht beeinflußt, zumal da bei sorgfältiger Ausführung die größten Abweichungen zwischen Modell- und Großausführung kleiner als 1% gehalten werden können. Allerdings muß beachtet werden, daß bei Düsenformen mit zu kleinen Krümmungsradien labile Strömungszustände möglich sind, die zu Ungenauigkeiten bis zu 2,5% führen können.

---

[1]) Hydraulische Probleme (Hydrauliktagung in Göttingen im Juni 1925). S. 107 und 213.

Untersuchungen über den Verlust an Rechen bei schräger Zuströmung.

Von J. Spangler.

(Zusammenfassung der Versuchsergebnisse S. 59.)

I. Einleitung.

Die vorliegende, von Professor Dr. D. Thoma angeregte Arbeit ist eine Fortsetzung der Untersuchungen von Dr. Kirschmer[1]).

Örtliche Verhältnisse können bei Niederdruckanlagen dazu führen, daß man die mit Rechentafeln versehene Einlaufseite eines Kraftwerkes so anordnet, daß das Wasser schräg auf sie auftrifft; da die Symmetrieebenen der Stäbe senkrecht zur Rechenfläche sind, werden die Rechenstäbe schräg angeströmt. Aber auch dann, wenn man beim Entwurf einer Anlage bestrebt war, eine senkrechte Anströmung des Rechens zu erreichen, ergibt sich in Wirklichkeit häufig, wenigstens bei einem Teil der Rechenfläche, eine schräge Anströmung, weil sich vor dem Rechen Wirbel ausbilden, die besonders stark beim Abschalten einiger Maschinensätze werden können.

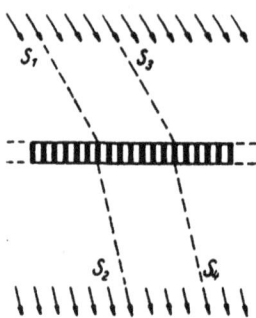

Abb. 1.

Untersuchungen über schräg angeströmte Rechen sind dem Verfasser nicht bekannt geworden. Auch konnten in der Literatur keine Angaben gefunden werden, die ermöglichen, die Größe des Verlustes abzuschätzen oder zu verringern, was besonders bei Anlagen mit kleinem Gefälle von Bedeutung sein kann.

Die vorliegende Arbeit hat den Zweck zu ermitteln, wie sich bei verschiedener Zuströmung der Rechenverlust mit der Stabform und dem lichten Abstand zweier Rechenstäbe ändert und sie soll damit auch Richtlinien für eine zweckmäßige Ausbildung der Rechen liefern.

Um die durch Rechen verursachten Verluste in einem Laboratorium feststellen zu können, muß man sich aus einem Rechen von großer Breite ein kleines Stück so herausgeschnitten denken, daß die Begrenzungen längs der tatsächlichen Stromlinien s_1, s_2, s_3, s_4 (Abb. 1) verlaufen; zu untersuchen ist dann ein schmaler Kanal. Damit die Verhältnisse dabei dieselben bleiben wie beim breiten Rechen, muß:

1. die Wandreibung vernachlässigbar klein (erfüllt[2])) und

2. die Richtung der Wände richtig gewählt sein.

Letzteres ist für den vor dem Rechen liegenden, in die Zuströmrichtung fallenden Teil offenbar ohne weiteres möglich; dagegen ist die bei dem ursprünglich breiten Rechen sich einstellende Abflußrichtung nicht bekannt. Es muß deshalb zunächst die Umlenkung durch den Rechen durch Versuch bestimmt werden.

---

[1]) Mitteilungen des Hydraulischen Instituts der Technischen Hochschule München, Heft I, S. 21.

[2]) Kirschmer, S. 22: „Eine Nachprüfung dieses Reibungsverlustes führte auf Werte, die selbst bei den höchsten erreichten Wassergeschwindigkeiten von etwa 0,8 m/s, innerhalb der 2500 mm langen Meßstrecke kleiner als 0,5 mm, also vernachlässigbar klein, waren."

II. Untersuchung der Umlenkung durch den Rechen.

a) Versuchseinrichtung.

Abb. 2 zeigt maßstäblich die verwendete Versuchseinrichtung.

Durch ein Holzgerinne, das an einen Holzkasten von 1210 mm Höhe schräg angeschlossen war, strömte das Wasser aus einem großen Bottich dem vertikal gestellten Versuchsrechen schräg zu (Anströmwinkel a). Die aus astfreiem Eschenholz gefertigten und mit Leinöl getränkten Rechen — in Abb. 1 der Arbeit von Kirschmer dargestellt — hatten alle eine Gesamtbreite von 300 mm. Um Rechen von der gleichen Breite verwenden zu können, mußte deshalb je nach dem eingestellten Anströmwinkel a die Breite des Zulaufkanales geändert werden. Durch Versetzen einer Zwischenwand wurde die jeweils erforderliche Gerinnebreite hergestellt. Die von den Rechenstäben in den Kasten umgelenkte Strömung wurde durch vier aufeinanderfolgende Beruhigungsgitter abgebremst. Dadurch war die Ausbildung von ausgeprägten Wirbelzentren zu beiden Seiten der Hauptströmung verhindert worden. Mit den verwendeten Beruhigungsgittern wurde erreicht, daß die aus dem Rechen austretende Strömung auf beiden Seiten von einem mit fast ruhender Flüssigkeit erfüllten Totwasserraum umgeben war.

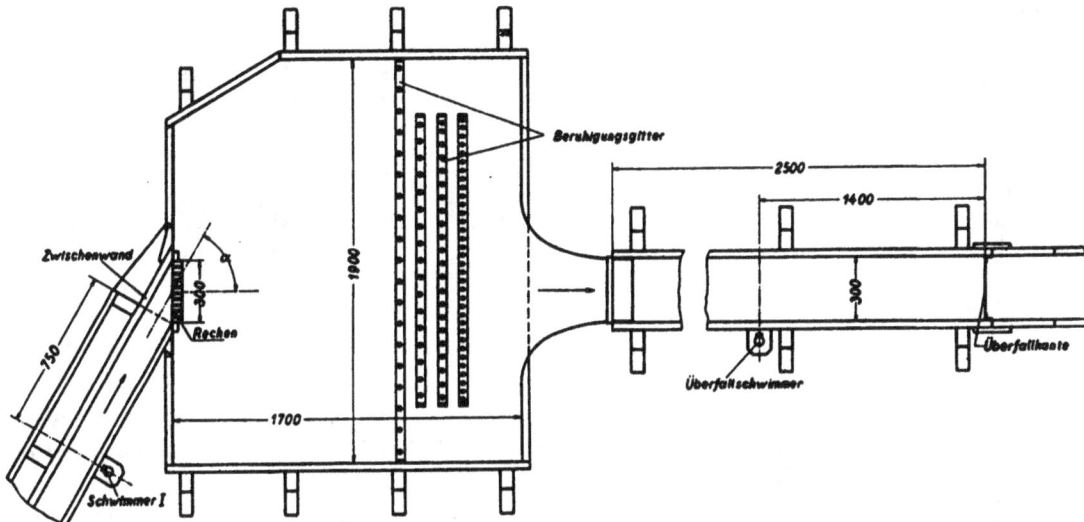

Abb. 2.

Ein abgerundetes, aus Blech hergestelltes Übergangsstück verband den Kasten mit einem hölzernen Ablaufgerinne, das zu einem belüfteten Überfall ohne Seitenkontraktion mit 300 mm Wehrbreite, 500 mm Wehrhöhe und geschärfter Wehrkante führte.

Die sekundliche Wassermenge wurde aus der mit einem Schwimmer gemessenen Überfallhöhe berechnet.

Schwimmer I diente zur Ermittlung der Wassertiefe vor dem Rechen. Aus sekundlicher Wassermenge und durchflossenem Querschnitt wurde die mittlere Anströmgeschwindigkeit auf rechnerischem Wege gefunden.

An der Wasseroberfläche im Kasten war die Richtung des umgelenkten, fließenden und vom Totwasser umgebenen Wassers deutlich zu erkennen. Um über die Umlenkung unter dem Wasserspiegel Aufschluß zu erhalten, wurde die Strömung durch 25 cm lange Wollfäden sichtbar gemacht. Diese waren in halber Wassertiefe an einem am hinteren Ende der Rechenstäbe über die Rechenbreite gespannten Draht von 0,4 mm Durchm. befestigt. Die Oberflächenbewegung des Wassers in der Nähe des Rechens machte ein deutliches Erkennen der Wollfäden bei einer Betrachtung in lotrechter Richtung unmöglich. Zum Anvisieren derselben war es notwendig, ein Rohr von 40 mm lichtem Durchmesser, das am unteren Ende eine Verschlußkappe mit dicht eingesetzter Glasscheibe trug, in das Wasser eintauchen zu lassen. Bei entsprechender Beleuchtung genügte ein Eintauchen des Rohres von einigen Zentimetern, um die Wollfäden genau beobachten zu können. Bei einer Wassertiefe von rd. 1 m kann angenommen werden, daß das eintauchende Visierrohr die Umlenkung in halber Wassertiefe nicht beeinflußt.

Zur Feststellung der Richtung der Wollfäden diente die in Abb. 3 dargestellte Vorrichtung, die auf das Deckbrett der Versuchsrechen aufgeschraubt wurde. Durch einen Hebel war ein mit zwei Fadenkreuzen versehenes Rohr um den Mittelpunkt eines Winkelmessers drehbar. Dieser konnte durch Verschieben längs einer Führung lotrecht über den jeweiligen Befestigungspunkt eines Wollfadens eingestellt werden. Um das Visierrohr gerade so tief eintauchen lassen zu können, als für eine genaue Beobachtung notwendig war, konnte es in lotrechter Richtung verschoben werden.

b) Versuchsergebnisse.

Die bei den Umlenkungsversuchen verwendeten Stabformen sind in Abb. 4 zusammengestellt.

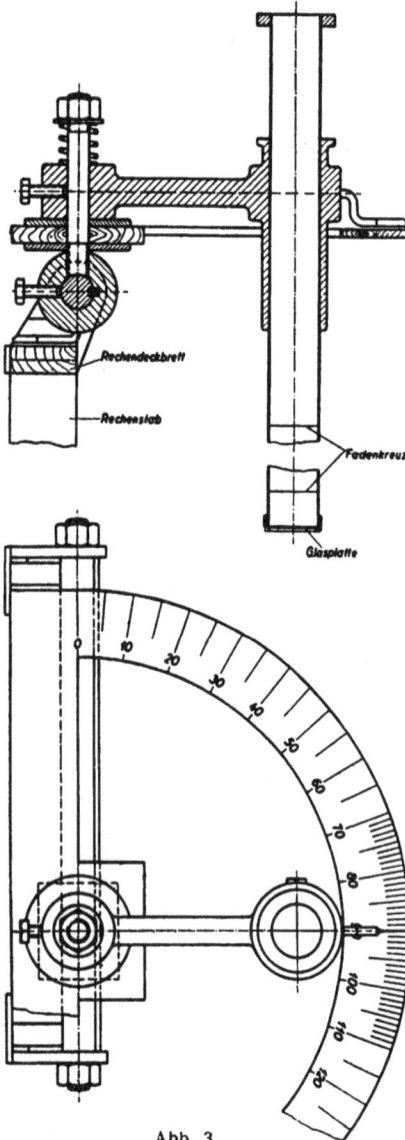

Abb. 4.

Die Richtung der Strömung nach dem Rechen wurde mittels dreier Wollfäden bestimmt. Davon war einer annähernd in der Mitte der Rechenbreite und je einer in 20 bis 40 mm Entfernung von den äußersten Stäben angebracht. Über die an jedem Wollfaden bei den untersuchten Rechen gemessenen Winkel δ zwischen der Richtung der Abströmung und der Normalen zur Rechenfläche gibt Zahlentafel 1 Aufschluß. Die erreichte Meßgenauigkeit beträgt $\pm 1^0$. Die Bezifferung der Wollfäden und die Bedeutung der angegebenen Vorzeichen ist

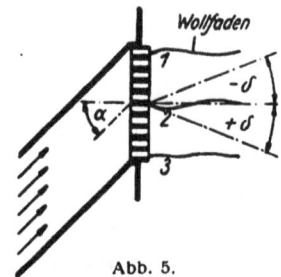

Abb. 3.

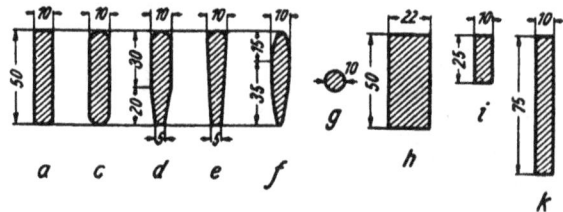

Abb. 5.

aus Abb. 5 ersichtlich. Zuerst wurde die Strömung bei einem Anströmwinkel $\alpha = 60^0$ untersucht. Diejenigen Rechen, bei denen sich bei $\alpha = 60^0$ größere Winkel δ ergaben, wurden sodann auch noch bei $\alpha = 45^0$ geprüft.

Bei verschiedenen Rechen wurde bei $\alpha = 60^0$ die Anströmgeschwindigkeit von 0,5 m/s bis zu der bei der verwendeten Versuchseinrichtung erreichbaren Höchstgeschwindigkeit von 1,1 m/s gesteigert. Es zeigte sich hierbei, daß die Unterschiede der bei den verschiedenen Zuströmgeschwindigkeiten an einem Wollfaden gemessenen Winkel innerhalb der Meßungenauigkeiten lagen. Es wurden deshalb die Umlenkungsversuche nur bei der erreichbaren Höchstgeschwindigkeit durchgeführt. Für die in Zahlentafel 1 angegebenen Werte unter $a = 60^0$ bzw. $a = 45^0$ war dieselbe 1,1 m/s bzw. 0,95 m/s.

Die Größe der Abweichungen von der vollkommenen Umlenkung darf nur nach den Messungen am mittleren Faden 2 beurteilt werden. In den äußersten Teilen des Rechens wird die Strömung nicht allein von den Stäben umgelenkt. Es zeigt sich vielmehr eine, wenn auch geringe, Beeinflussung durch die Wände des Zulaufgerinnes. Sie wird dadurch erkennbar, daß die in der Nähe der Wände anströmenden Wasserteilchen nach der Umlenkung zum mittleren Wollfaden in konvergenter Richtung strömen, wenn Faden 2 die Abweichung $\delta = 0$ anzeigt. Die Messungen an den äußeren Wollfäden wurden nur ausgeführt, um den Einfluß der Wände des Zulaufkanals auf die Gesamtströmung zu kennen, da dieser mit zunehmender Rechenbreite abnimmt. Die Versuche haben ergeben, daß die Ablenkungen der äußeren und mittleren Stromlinien von gleicher Größenordnung sind. Es kann somit angenommen werden, daß in der Versuchseinrichtung durch die Wände des Zulaufkanals eine wesentliche Veränderung der Strömung gegenüber den bei einem sehr breiten Rechen vorliegenden Verhältnissen nicht erfolgt.

Zahlentafel 1.

Stabform	Lichter Abstand zweier Rechenstäbe mm	Winkel δ in Graden, gemessen am Wollfaden		
		1	2	3
	$a = 60^0$			
a	8,7	+ 3	+ 1	— 1
	17	+ 5	0	— 3
	50	+ 4	— 3	— 10
	64,5	+ 2	— 20	— 21
c	17	+ 10	— 4	— 7
	50	+ 4	— 6	— 13
d	17	+ 4	— 5	— 6
e	17	+ 10	0	0
f	17	— 3	— 4	— 6
	32,5	0	— 6	— 11
	50	— 10	— 20	— 28
g	17	— 33	— 38	— 41
h	37,5	+ 18	0	— 6
i	17	+ 9	+ 1,5	+ 1
	50	— 8	— 7	— 21
k	50	+ 9	+ 0,5	— 4
	64,5	+ 1	— 10	— 14
	$a = 45^0$			
a	64,5	— 6	— 12	— 17
f	50	— 8	— 6	— 12
g	17	— 14,5	— 20	— 18,5
k	64,5	+ 7,5	0	— 7

Bei $a = 60^0$ ist, mit Ausnahme der runden Stäbe bei einem lichten Abstand zweier Rechenstäbe von 17 mm, der Einfluß der Stabform auf die Umlenkung gering. Erst bei größerer lichter Weite zeigen sich Unterschiede. Während bei den Stabformen a, c, i, k bei 50 mm Lichtweite die Abweichungen noch klein sind, werden sie bei f bereits wesentlich. Ein ähnlicher Unterschied macht sich bei den Stabformen a und k bemerkbar, wenn die Lichtweite auf 64,5 mm vergrößert wird.

Mit dem Verkleinern des Anströmwinkels werden auch die Winkel δ kleiner. Sie sind bei $a = 45^0$ bei Stabform f noch bis 50 mm Lichtweite gering und Stabform k gibt selbst bei der größten Lichtweite, die untersucht wurde, $\delta = 0$.

Die Umlenkungsversuche haben ergeben, daß mit Ausnahme des Rundstabes g bei Rechen mit üblichen lichten Weiten sogar bei einem Anströmwinkel $a = 60^0$ die Winkel δ klein sind. Für die folgenden Untersuchungen, die sich auf Rechen beschränken, die fast vollkommen umlenken, durfte deswegen das Ablaufgerinne senkrecht zur Rechenfläche angeordnet werden. Der Betrag, um den die Versuchsergebnisse dadurch gefälscht sind, wird klein sein und kann bei der für praktische Zwecke erforderlichen Genauigkeit vernachlässigt werden.

III. Versuchseinrichtung zur Ermittlung des Rechenverlustes bei schräger Zuströmung.

An der Knickstelle zweier Gerinne (Winkel α) waren die Versuchsrechen eingebaut (Abb. 6). Durch Versetzen der Zwischenwand wurde je nach dem Anströmwinkel α die Breite des Zulaufkanales geändert. Die Zwischenwand bestand aus zwei, durch Scharniere miteinander verbundenen Teilen. Ein Verdrehen der beiden Teile gegeneinander ergab einen allmählichen Übergang zur jeweiligen Breite des Kanales vor dem Rechen. Mit dieser Anordnung wurden stationäre Wellen im Zulaufgerinne vermieden, die sich bei einer zuerst versuchten Anordnung mit einem kurzen Übergangsstück eingestellt hatten.

Eine Länge des Ablaufgerinnes von 5,4 m hat sich zur Einstellung eines Gleichgewichtszustandes in der Strömung als notwendig erwiesen. Bei $\alpha = 60^{0}$ war es nämlich bei einer zuerst verwendeten Versuchseinrichtung mit drei Meter Entfernung der Überfallkante vom Rechen nicht möglich gewesen, stationäre Strömungsverhältnisse zu erreichen; für gleiche Rechen waren an verschiedenen Tagen Verluste mit Unterschieden bis zu 20% ermittelt worden. Die Verlängerung des Ablaufgerinnes auf 7,4 m bei $\alpha = 60^{0}$ war durch örtliche Verhältnisse bedingt.

Die sekundliche Wassermenge wurde durch den am Ende des Ablaufgerinnes angebrachten Meßüberfall bestimmt.

Der Höhenunterschied des Wasserspiegels vor und nach dem Rechen war mit zwei in Wasserstandrohren untergebrachten Schwimmern ermittelt worden. Diese trugen eine horizontale Scheibe, welche eine parallaxenfreie Ablesung mit einer Genauigkeit von 0,5 mm ermöglichten. Beide Meßstellen mußten außerhalb des Störungsbereiches des Rechens angeordnet sein. Um die richtige Lage des Anschlusses von Schwimmer I festlegen zu können, war auf dem Zulaufgerinne ein in der Längs- und Querrichtung verschiebbarer Oberflächentaster angebracht. Mit diesem konnte die Gestalt der Wasseroberfläche aufgenommen werden. Dadurch war es möglich, die Ablesungen am Schwimmer I und dessen Lage gegenüber dem Staubereich des Rechens zu prüfen. Um feststellen zu können, ob der Anschluß von Schwimmer II außerhalb des Störungsbereiches des Rechens in einem Gebiete wieder geordneter Strömung liegt, wurde folgende Überlegung angestellt: Wenn der Anschluß des Schwimmers II außerhalb der Störungszone angeordnet ist, muß der aus den Ablesungen der Schwimmer II und III sich ergebende Höhenunterschied der Wasserspiegel gleich dem Reibungsverlust auf der Strecke II—III sein. Letzterer wurde aus der Forchheimerschen Formel

$$v = a \cdot R^{0,7} \cdot J^{0,5}$$

errechnet (v = mittlere Geschwindigkeit im Meßquerschnitt, R = hydraulischer Radius, J = Gefällsverlust durch Reibung, bezogen auf die Längeneinheit). Der Beiwert a wurde bei dem aus sauber gehobeltem Holz hergestellten Gerinne, das durch dreimaligen Anstrich mit Ölfarbe geglättet war, zu 100 angenommen. Die Übereinstimmung war innerhalb der Versuchsgenauigkeit bei allen Rechen und untersuchten Anströmwinkeln eine vollkommene.

Bei schräger Zuströmung weicht der Rechenverlust (Energieverlust) erheblich ab von dem Verlust, der dem Höhenunterschiede der Wasserspiegellage vor und hinter dem Rechen allein entspricht, denn die mittlere Geschwindigkeit vor dem Rechen ist wesentlich größer als die mittlere Geschwindigkeit hinter demselben. Die Geschwindigkeitsverminderung würde — bei Abwesenheit von Energieverlusten — ein dem Unterschiede der Geschwindigkeitshöhen entsprechendes Ansteigen des Wasserspiegels nach dem Rechen zur Folge haben. Bei Rechen mit kleinem Widerstand tritt ein Ansteigen auch tatsächlich ein. Der Rechenverlust h_w (hydraulischer Verlust zwischen den Meßquerschnitten I und II) ist demgemäß

$$h_w = h_1 - h_2 + \frac{v_1{}^2 - v_2{}^2}{2\,g},$$

wenn man mit v_1 die mittlere Geschwindigkeit im Meßquerschnitt I (vor dem Rechen), mit v_2 die mittlere Geschwindigkeit im Meßquerschnitt II (hinter dem Rechen) und mit h_1 bzw. h_2 die, von der wagrechten Kanalsohle aus gemessenen, Wassertiefen in den beiden Querschnitten bezeichnet.

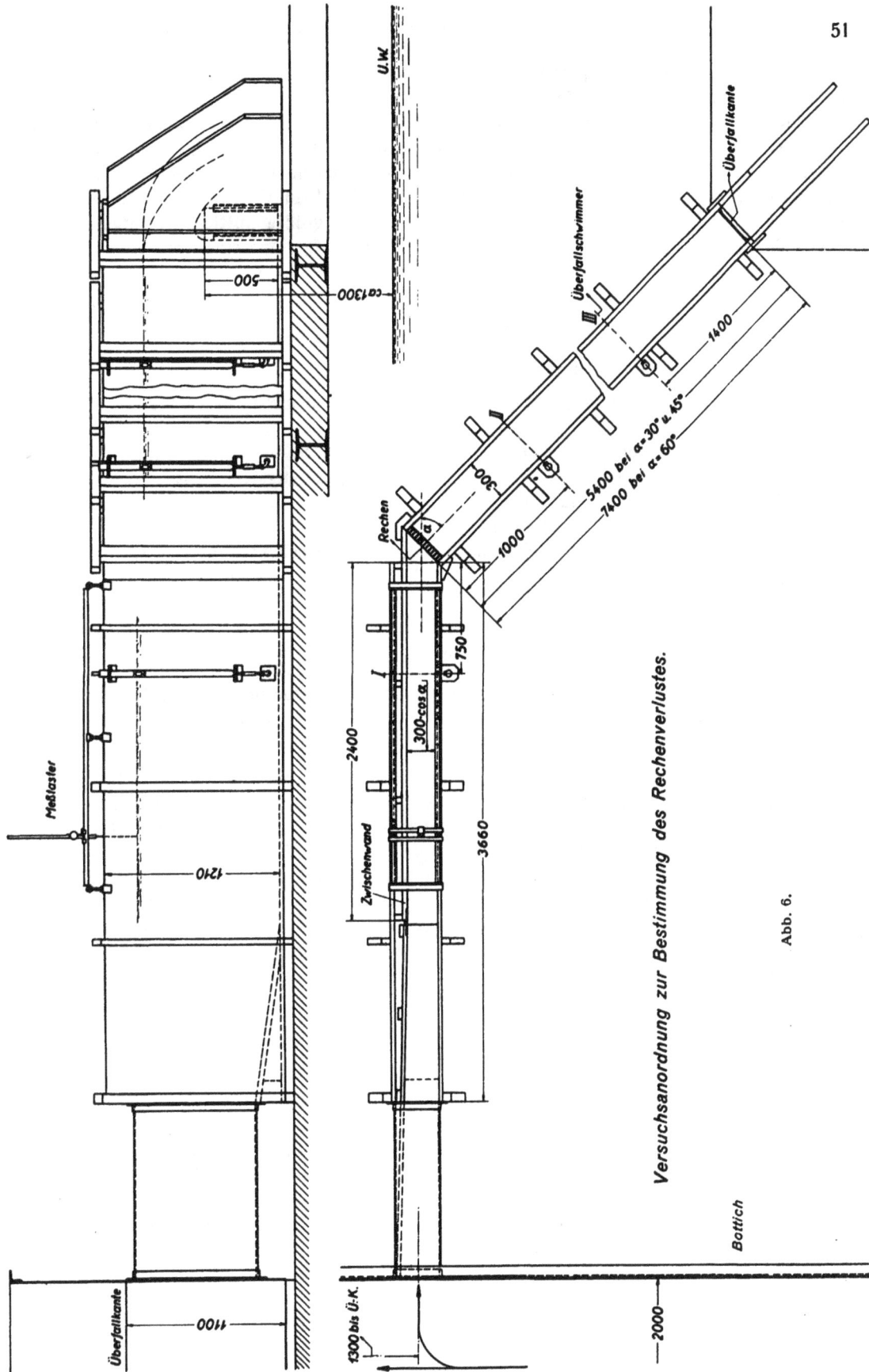

Versuchsanordnung zur Bestimmung des Rechenverlustes.

Abb. 6.

Die Geschwindigkeiten v_1 und v_2 wurden aus sekundlicher Wassermenge und der durchflossenen Querschnittsfläche errechnet.

Die sekundliche Wassermenge und damit auch die Geschwindigkeit konnte durch einen in die Zuleitung zum Bottich eingebauten Schieber geändert werden. Infolge der Veränderung der Breite des Zulaufgerinnes mit dem Anströmwinkel war es bei einem Ablaufgerinne mit unveränderlicher Breite nicht möglich, bei gleicher Wassertiefe dieselben Geschwindigkeiten zu erreichen. Bei einer Wassertiefe von rund 1 m war bei $\alpha = 30^0$ die größte mittlere Zulaufgeschwindigkeit $v_1 = 0{,}85$ m/s und $v_1 = 1{,}1$ m/s bei $\alpha = 60^0$, was im Ablaufgerinne einer mittleren Geschwindigkeit von rund $v_2 = 0{,}72$ m/s und $v_2 = 0{,}57$ m/s entspricht.

IV. Versuchsergebnisse.

Es werden folgende Bezeichnungen verwendet:

$v =$ mittlere Geschwindigkeit nach dem Rechen (oben mit v_2 bezeichnet),

$\alpha =$ Anströmwinkel,

$s =$ Stabdicke, gemessen an der Stelle der größten Dicke,

$b =$ lichte Weite zweier Rechenstäbe, gemessen an der engsten Stelle,

$l =$ Länge des Stabquerschnittes,

$t = s + b =$ Teilung des Rechens,

$B =$ Abstand zweier Stromlinien im Zulauf, die der Rechenteilung t entsprechen,

$\varepsilon = \dfrac{b}{s+b} =$ Durchflußverhältnis,

$h_w =$ Rechenverlust,

$\zeta = \dfrac{h_w}{v^2/2\,g} =$ Widerstandszahl des Rechens.

Für $\alpha = 30^0$, 45^0 und 60^0 wurden je zwei Versuchsreihen durchgeführt, und zwar:

1. Änderung des Durchflußverhältnisses ε bei gleichbleibender Stabform,
2. Änderung der Stabform bei gleichbleibendem Durchflußverhältnis ε.

Es ist zunächst zu erwägen, auf welche Geschwindigkeit man den Rechenverlust am zweckmäßigsten bezieht. Es wäre das Nächstliegende, den Verlust in Abhängigkeit von der mittleren Zulaufgeschwindigkeit darzustellen. Mit wachsendem Winkel α nimmt bei schräger Anströmung B (Abb. 7) ab, so daß sich bei gegebener Wassermenge die Zulaufgeschwindigkeit mit dem Winkel α ändert. Will man die Widerstände eines Rechens bei gegebener Wassermenge, aber verschiedenen Anströmwinkeln, miteinander vergleichen, so ist das, wenn man die Widerstände auf die mittlere Zulaufgeschwindigkeit bezieht, sehr unbequem, da sich das Bezugssystem selbst mit dem Winkel α ändert. Da die mittlere Geschwindigkeit nach dem Rechen, wenn derselbe fast vollkommen umlenkt, vom Anströmwinkel α praktisch unabhängig ist, so ist es vorteilhaft, den Rechenverlust auf die, im folgenden einfach mit v bezeichnete, Abströmgeschwindigkeit zu beziehen.

Die Abmessungen der Stäbe der Versuchsrechen sind etwa dieselben wie bei ausgeführten Rechen; auch die Wassergeschwindigkeiten bei den Versuchsrechen gehen fast bis zu den bei ausgeführten Rechen vorkommenden Geschwindigkeiten hinauf. Im übrigen dürfen die am Versuchsrechen gewonnenen Ergebnisse innerhalb der bei praktischen Ausführungen vorkommenden Grenzen unbedenklich auch für proportional vergrößerte oder verkleinerte Rechen und auch für höhere Geschwindigkeiten angewendet werden, denn die Oberflächenreibung, deren Einfluß bei dieser Umrechnung stören würde, ist, wie schon Kirschmer[1] nachgewiesen hat, klein.

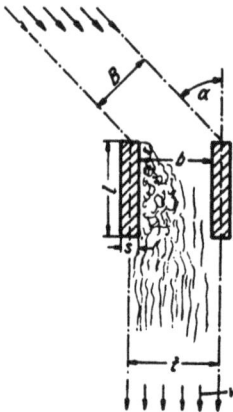

Abb. 7.

---

[1] Kirschmer, Untersuchungen über den Gefällsverlust an Rechen, S. 28, 29 und 38.

Eine derartige Umrechnung setzt allerdings voraus, daß die in beiden Fällen von Wasser durchströmten Räume geometrisch ähnlich sind. Die Begrenzung dieser Räume wird jedoch nicht nur durch die Rechenstäbe, sondern auch durch die freien Wasseroberflächen gebildet, so daß zur strengen Einhaltung der geometrischen Ähnlichkeit noch eine weitere, auf die Wasseroberfläche bezügliche, der Froude'schen Modellregel entsprechende, Bedingung hinzukommt, die man z. B. so fassen kann, daß das Verhältnis η der Höhenunterschiede der Wasserspiegel vor und hinter dem Rechen zur Wassertiefe hinter dem Rechen gleichbleibend sein muß; aus der Modellregel kann nicht gefolgert werden, daß die Widerstandzahl ζ des Rechens von η unabhängig ist. Es sind nun alle Versuchsrechen bei verschiedenen Wassergeschwindigkeiten untersucht worden, wobei auch η sich in weiten Grenzen änderte (von $\eta = 0,003$ bis $\eta = 0,09$). Es hat sich dabei ergeben, daß die Verluste innerhalb der Beobachtungsgenauigkeit genau proportional mit v^2 waren, d. h. daß ζ unveränderlich war und somit nicht merklich von η abhängt. Da die bei Ausführungen vorkommenden Werte von η in den von den Versuchen umfaßten Bereich fallen, dürfen die Versuchsergebnisse für alle praktisch vorkommenden Rechentiefen angewendet werden.

Die ermittelten Rechenverluste wurden in Abhängigkeit von der Geschwindigkeitshöhe $\frac{v^2}{2g}$ aufgetragen. Bei allen untersuchten Rechen und Anströmwinkeln ist, wie bereits erwähnt, h_w innerhalb der Versuchsgenauigkeit proportional dem Geschwindigkeitsquadrat, so daß eine Darstellung von h_w als Funktion von $\frac{v^2}{2g}$ sich erübrigt und die Ergebnisse in die einfache Form

$$h_w = \zeta \cdot \frac{v^2}{2g}$$

gebracht werden können. Dabei hängt natürlich ζ von dem Durchflußverhältnis, der Form der Stäbe und dem Anströmwinkel ab. In den Zahlentafeln 2, 3 und 4 ist ζ als Mittelwert aus je etwa 10 bis 30 Meßpunkten angegeben, die an verschiedenen Tagen und bei verschiedenen Geschwindigkeiten erhalten wurden. Die Versuchsgenauigkeit entspricht der Größenordnung nach derjenigen, die von Kirschmer bei gerader Anströmung erreicht wurde: Die Abweichungen von der durch die Meßpunkte als mittlere Kurve hindurchgelegten Geraden sind bei den meisten Rechen kleiner als $\pm 3\%$.

In der Arbeit von Kirschmer sind die Versuchsergebnisse in Abhängigkeit von der Geschwindigkeitshöhe, die der Geschwindigkeit vor dem Rechen entspricht, dargestellt. Zum Zwecke des Vergleichs wurden die Ergebnisse dieser Untersuchungen auf die Abströmgeschwindigkeit bezogen und die Widerstandszahlen errechnet. Dieselben sind in den Zahlentafeln 2 und 3 unter $a = 0^0$ angegeben.

Zur Kennzeichnung der Stabdichte wird in der Kirschmer'schen Arbeit der als „Verbauungsverhältnis" bezeichnete Wert $\frac{s}{b} = \frac{\text{Stabdicke}}{\text{Lichtweite}}$ verwendet. Es ist aber anschaulicher, wenn man als Maß für die Verkleinerung des Durchflußquerschnittes das Verhältnis

$$\frac{\text{lichter Abstand zweier Rechenstäbe}}{\text{Rechenteilung}} = \frac{b}{s+b}$$

einführt. Setzt man $\frac{b}{s+b} = \varepsilon$, so ist mit ε in anschaulicher Weise das Verhältnis zwischen der „Netto-" und der „Bruttofläche" des Rechens angegeben. Deswegen sei ε als „Durchflußverhältnis" des Rechens bezeichnet.

1. Rechenverlust bei Änderung des Durchflußverhältnisses ε bei gleichbleibender Stabform.

Stabform: Rechteckige Stäbe 10 × 50 mm.

Durch Verringern der Zahl der Stäbe im Gerinne von 16 bis 4 wurde der lichte Abstand zweier Rechenstäbe von 8,7 bis 64,5 mm verändert. Die Ergebnisse dieser Versuchsreihe sind in Zahlentafel 2 zusammengestellt.

Zahlentafel 2 für rechteckige Stäbe 10 × 50 mm.

Rechen	Anzahl d.Stäbe im Gerinne	b	$\frac{s}{b}$	$\varepsilon = \frac{b}{s+b}$	Widerstandszahl ζ für			
					$\alpha = 0°$	$\alpha = 30°$	$\alpha = 45°$	$\alpha = 60°$
A	16	8,7	1,14	0,47	2,78	4,70	4,97	6,92
						3,81	3,95	5,28
B	15	10	1,00	0,50	2,29	3,05	3,54	4,90
C	14	11,3	0,88	0,53	1,95	2,42	3,08	—
D	13	13	0,76	0,57	1,63	2,07	2,54	4,38
E	12	15	0,67	0,60	1,35	1,77	2,25	—
F	11	17	0,58	0,63	1,13	1,46	2,05	4,26
G	10	20	0,50	0,67	0,94	1,22	1,82	—
H	9	23	0,42	0,70	0,78	1,08	1,68	3,98
J	8	27	0,36	0,73	0,65	0,93	1,52	—
K	7	32,5	0,31	0,77	0,50	0,78	1,40	3,84
L	6	40	0,25	0,80	0,37	0,69	1,28	—
M	5	50	0,20	0,83	0,27	0,57	1,20	3,63
N	4	64,5	0,15	0,87	0,19	0,50	1,08	—

Rechen *A* hat bei schräger Anströmung jeweils zwei verschiedene Widerstandszahlen ergeben. Die kleineren ζ-Werte schließen sich den Ergebnissen der übrigen Rechen an; die größeren dagegen weichen von denselben um 23% bis 31% ab. Bei diesem Rechen war die Größe des gemessenen Verlustes von Zufälligkeiten abhängig. Wurde die Geschwindigkeit allmählich bis zu der durch die Versuchseinrichtung bedingten Höchstgeschwindigkeit gesteigert, so ergaben sich immer die klei-

Abb. 8. Rechen A.

Abb. 9. Rechen N.

neren Widerstandszahlen. Die größeren konnten nur gelegentlich erreicht werden, wenn die Höchstgeschwindigkeit rasch verringert wurde. Hatte sich der Verlust vergrößert, so war es nicht möglich, auf den kleineren ζ-Wert zurückzukommen, außer man drosselte den Wasserzulauf vollkommen, wartete ab bis kein Wasser mehr durchfloß und steigerte dann die Geschwindigkeit wieder langsam. Diese Erscheinung dürfte auf eine Änderung der Strömung im Rechen zurückzuführen sein. Eine genaue Untersuchung derselben war mit der vorhandenen Versuchseinrichtung nicht möglich.

Nach Beobachtungen an der Wasseroberfläche kann man vermuten, daß die Änderung des Widerstandes mit einer Vergrößerung des Totwasserraumes verbunden ist, der sich auf der einen Seite der Rechenstäbe ausbildet.

Bei $a = 60^0$ wurde die Widerstandszahl ζ nur bei einer kleineren Zahl von ε-Werten als bei anderen Anströmwinkeln ermittelt, da sich ζ bei diesem Winkel mit dem Durchflußverhältnis weniger ändert, als bei kleineren Winkeln. Daß die Änderung geringer ist als bei kleineren Winkeln, ist darauf zurückzuführen, daß bei schräger Anströmung mit der lichten Weite zweier Rechenstäbe der durchflossene Querschnitt nicht im selben Verhältnis zunimmt, da sich der auf der einen Seite der Rechenstäbe ausbildende Totwasserraum beträchtlich vergrößert. Abb. 8 und 9 zeigen den Wasseraustritt an der Oberfläche aus den Rechen A und N bei $a = 60^0$ und einer mittleren Abströmgeschwindigkeit $v = 0,57$ m/s. Bei Rechen A ist fast der ganze Austrittsquerschnitt von strömender Flüssigkeit erfüllt, während sich bei Rechen N infolge Ablösung der Strömung am vorderen Ende der Rechenstäbe, mit Wirbeln durchsetzte Totwasserräume ausbilden.

2. Rechenverlust bei Änderung der Stabform bei gleichbleibendem Durchflußverhältnis.

Durchflußverhältnis $\varepsilon = 0,63$.

Die bei Rechen mit einem Durchflußverhältnis $\varepsilon = 0,63$ und den Stabformen der Abb. 10 ermittelten Widerstandszahlen ζ sind in Zahlentafel 3 zusammengestellt.

Der Rechen mit Stabform a ist mit Rechen F der Zahlentafel 2 identisch.

Der Rechenverlust kann durch eine geeignete Stabform wesentlich verkleinert werden. Bei den Stabformen b, c, d, f mit gerundeter Eintrittskante sind merkwürdigerweise bei $a = 30^0$ die Verluste kleiner als bei gerader Zuströmung ($a = 0^0$). Bei diesem Anströmwinkel war nach Beobachtungen an der Wasseroberfläche bei den genannten Stabformen der Durchflußquerschnitt von strömender Flüssigkeit erfüllt. Eine merkliche Ablösung der Strömung am vorderen Teile der Rechenstäbe konnte nicht beobachtet werden. Die Verringerung des Eintrittsverlustes durch Abrunden der Vorderkante führt bei Stabform b gegenüber Form a zu einer Abnahme des Gesamtverlustes von 37% bis 48% bei schräger Anströmung. Durch günstige Formgebung der Austrittskante wird bei den Stabformen d und f der Widerstand noch weiter verkleinert.

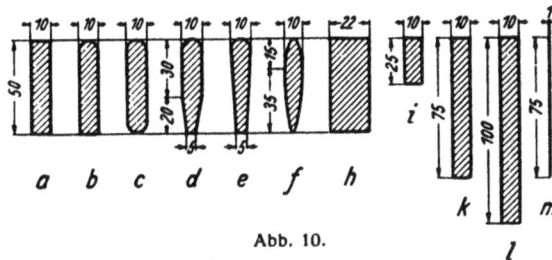

Abb. 10.

Zahlentafel 3.

Stabform	Widerstandszahl ζ für			
	$a = 0^0$	$a = 30^0$	$a = 45^0$	$a = 60^0$
a	1,13	1,46	2,05	4,26
b	0,86	0,76	1,29	2,45
c	0,78	0,71	1,29	2,81
d	0,48	0,43	0,94	2,19
e	0,42	0,68	1,29	3,05
f	0,35	0,22	0,67	1,84
h	1,13	1,88	2,75	5,15
i	1,13	1,81	2,72	4,26
k	—	1,53	2,32	3,43
l	1,13	1,62	2,12	3,88

Die Zunahme des Verlustes bei den Stäben mit gerundeter Eintrittskante bei wachsendem Anströmwinkel ist auf ein Ablösen der Strömung an der Vorderseite der Rechenstäbe zurückzuführen. Das Ablösen ist auch die Ursache dafür, daß sich bei Stabform e der kleinste Widerstand bei $a = 0^0$ ergibt. Dieselbe war die einzige Stabform mit gerundeter Vorderkante, bei welcher schon bei $a = 30^0$ eine Ablösung festgestellt werden konnte. Profil e ist für schräge Anströmung ungeeignet, da die sich über die ganze Querschnittslänge erstreckende Verjüngung die Ausbildung eines Totwasserraumes begünstigt.

Stabform h mit rechteckigem Querschnitt 22×50 mm hat dieselbe Querschnittslänge wie Profil a, aber eine ungefähr doppelt so große Stabdicke. Bei geradem Zulauf und gleichem Durchflußverhältnis haben die Rechen mit den Stäben a und h denselben Widerstand ergeben; die größere Stabdicke verursacht jedoch bei schräger Anströmung eine starke Ablösung, und die Widerstandszahlen werden gegenüber Profil a um 21 bis 34% größer.

Bei den rechteckigen Stäben a, i, k, l mit gleicher Stabdicke, aber verschiedener Querschnittslänge ändert sich bei $\alpha = 0^0$ der Widerstand mit dem Verhältnis s/l für 1 = 25 mm bis 1 = 100 mm nicht, da die Verluste durch Oberflächenreibung klein sind. Bei schräger Anströmung ändert sich mit s/l die Größe der Widerstandszahl. Von den untersuchten rechteckigen Stabformen ist bis $\alpha = 45^0$ bei Profil a und bei $\alpha = 60^0$ bei Form k der Widerstand am kleinsten.

Die in der Praxis verwendeten rechteckigen Rechenstäbe haben meistens eine Stabdicke von ungefähr s = 10 mm und Querschnittslängen von 50 bis 80 mm, die nach obigem auch hydraulisch günstiger sind als Stäbe mit großem Verhältnis s/l. Als normales Stabprofil empfiehlt sich wohl am meisten die Form d. Diese ist bei schrägem Zulauf günstig; die etwas größeren Verluste gegenüber den Stabformen e und f bei gerader Anströmung sind unwesentlich; die Form d hat gegenüber f den Vorteil, daß der Rechen bei Verwendung einer Reinigungsmaschine leichter von Treibzeug freigehalten werden kann.

Rechen mit rechteckigen Stäben sind bei gleicher Durchflußzahl ε und gleichem Verhältnis s/l geometrisch ähnlich. Die Rechen mit den Stabformen h und i mit gleichem ε und Seitenverhältnissen s/l = 0,44 und 0,4 sind annähernd geometrisch ähnlich. Die Widerstandszahlen dieser Rechen unterscheiden sich bei $\alpha = 30^0$ und 45^0 wenig voneinander. Durch eine Maßstabsänderung wird somit bei schräger Anströmung die Größe des Rechenverlustes nicht wesentlich beeinflußt. Der sich bei $\alpha = 60^0$ ergebende Unterschied von rund 20% ist durch die Versuchseinrichtung bedingt. Beim Rechen mit der Stabform h befinden sich nur 5 Stäbe im Gerinne. Die Umlenkungsversuche haben ergeben, daß bei dieser kleinen Stabzahl der Einfluß der Wände des Zulaufgerinnes ziemlich groß wird; wenn auch der mittlere Faden keine Abweichung anzeigte, wurde an dem einen in der Nähe der Wand befestigten Wollfaden ein Winkel $\delta = 18^0$ festgestellt.

Zum Zwecke einer prinzipiellen Klärung der Umlenkung wurden Versuche mit dem für Rechen praktisch nicht brauchbaren Profil m durchgeführt.

Die Stabform m wurde nicht wie die anderen Profile dieser Versuchsreihe bei einem Durchflußverhältnis ε = 0,63 sondern bei ε = 0,92 und 0,96 untersucht. Die Ergebnisse zeigt Zahlentafel 4.

Zahlentafel 4.

	Widerstandszahl ζ für		
	$\alpha = 30^0$	$\alpha = 45^0$	$\alpha = 60^0$
ε = 0,92	0,44	0,93	2,84
ε = 0,96	0,38	0,86	2,75
ζ nach Zeuner . .	0,33	1,00	3,00

Um bei Stabform m mit 1 mm Stabdicke das Durchflußverhältnis ε von 0,92 auf 0,96 zu erhöhen, mußte der lichte Abstand zweier Stäbe von 12 mm auf 24 mm vergrößert werden. Trotz der beträchtlichen Änderung der Lichtweite unterscheiden sich die gemessenen Widerstandszahlen beider Rechen entsprechend der geringen Verbesserung des Durchflußverhältnisses von etwa 4% nur wenig voneinander.

Die für die Rechen mit der Stabform m ermittelten Widerstandszahlen können mit den Ergebnissen theoretischer Erwägungen verglichen werden. Strömt Wasser aus einem engen Rohre vom Querschnitt F_0 in ein weiteres Rohr vom Querschnitt F_1, wenn letzteres an das enge Rohr schräg angeschlossen ist, so ist die Umlenkung der Strömung von der Geschwindigkeit v_0 auf v_1 (Abb. 11) mit einem Energieverlust verbunden, der nach Zeuner[1]) gleich der Geschwindigkeitshöhe gesetzt werden kann, die der graphischen Differenz der Zu- und Abströmgeschwindigkeit entspricht. Dieser Energieverlust h_w ist mit den Bezeichnungen der Abb. 11

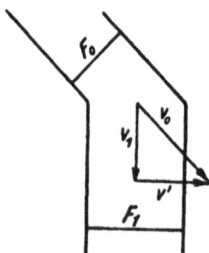

$$h_w = \frac{v'^2}{2g}.$$

Anderseits ist für den Fall, daß die Strömung an der Knickstelle durch ein System von geraden Stäben umgelenkt wird (Abb. 12), die Zeunersche Formel bei Vernachlässigung der Stabdicke und der Reibung ohne eine willkürliche Annahme von D. Thoma[2])

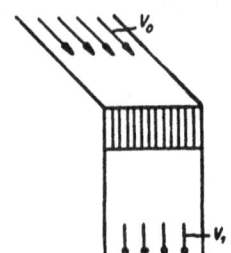

Abb. 11.

Abb. 12.

[1]) Zeuner, Vorlesungen über Theorie der Turbinen, 1899, S. 40. — [2]) D. Thoma, Der Stoßverlust des Wassers beim Eintritt in Schaufelsysteme. Schweizerische Bauzeitung 1922, S. 83.

abgeleitet worden. Die Rechen mit der Stabform *m*, bei denen die Stäbe aus Blechstreifen bestanden, können als solch ein Umlenkungssystem — allerdings in einem offenen Kanal — angesehen werden. Bei den Rechen mit Stabform *m* wurde der lichte Abstand zweier Blechstreifen durch vier Distanzbleche aus 2 mm starkem Eisenblech gewahrt, die an der Vorderseite zugeschärft waren, um die zusätzlichen Verluste zu verringern.

Am besten stimmt der Rechen mit $\varepsilon = 0,92$ mit der Theorie überein. Dieser hat für $\alpha = 30^0$ Werte für ζ ergeben, die gegenüber obiger Formel um rund 33% zu groß, für $\alpha = 45^0$ und 60^0 dagegen um 7 und 5,3% zu klein sind. Wenn man den — bei den theoretischen Untersuchungen vernachlässigten — Widerstand des Blechrechens bei gerader Anströmung aus der Kirschmerschen Formel errechnet und einen entsprechenden Abzug von den gemessenen Verlusten macht, wird der durch die Umlenkung verursachte Rest bei $\alpha = 30^0$ fast so groß, wie er aus der Formel folgt. Für größere Anströmwinkel dagegen liefert die Formel zu große Werte; bei $\alpha = 45^0$ und 60^0 war der Wasserspiegel nach dem Rechen sogar höher als vor demselben.

Schließlich wurden noch die Verluste bestimmt, die bei Umlenkung der Strömung durch die Gerinnewände (ohne Rechen) entstehen. Für $\alpha = 45^0$ und 60^0 wurden als Widerstandszahlen, bezogen auf die Strecke zwischen den Meßquerschnitten I und II, $\zeta = 0,185$ und $\zeta = 0,38$ ermittelt. (Aus der Zeunerschen Formel würde $\zeta = 1,0$ und $\zeta = 3,0$ folgen.) In diesem Falle wurde der Verlust auf der Strecke I bis III gemessen, da an der Anschlußstelle von Schwimmer II die Strömung noch nicht beruhigt war und vom ermittelten Energieverlust der errechnete Reibungsverlust zwischen II—III abgezogen.

Es zeigt sich also, daß die Zeunersche Formel annähernd richtig ist für die Strömung durch Schaufelsysteme, für welchen Fall sie auf Grund plausibler Annahmen abgeleitet werden kann, während sie für die Umlenkung in einem Kanal oder Rohr bei Abwesenheit von Schaufeln — wofür sie von Zeuner auf Grund einer willkürlichen Annahme aufgestellt wurde — ganz und gar nicht zutrifft.

In der zweiten Versuchsreihe sind für die verschiedenen Stabformen die Widerstandszahlen ζ nur bei einem Durchflußverhältnis $\varepsilon = 0,63$ bestimmt worden. So lange keine weiteren Versuche vorliegen kann ζ für den Fall, daß die untersuchten Stabformen bei anderen Durchflußverhältnissen verwendet werden, nur schätzungsweise angegeben werden. Dabei kann man etwa so vorgehen, daß man zunächst für $\varepsilon = 0,63$ für jeden Anströmwinkel α das Verhältnis σ der Widerstandszahl eines Rechens mit einer der untersuchten, profilierten Stabformen zu der eines Rechens mit Stabform *a* (rechteckiger Stab 10×50 mm) bestimmt. In Abb. 13 sind für $\varepsilon = 0,63$ die aus Zahlentafel 3 für vier Anströmwinkel errechneten Werte von σ in Abhängigkeit von α dargestellt.

Nimmt man nun an, daß bei festgehaltener Stabform und bei festgehaltenem Anströmwinkel das Verhältnis σ nicht oder nur wenig von ε abhängt, so kann man mit Hilfe der Ergebnisse der ersten und zweiten Versuchsreihe die Widerstandszahl eines Rechens mit einer der geprüften Stabformen auch für ein nicht untersuchtes Durchflußverhältnis ungefähr angeben. Ist ζ_{a_1} die Widerstandszahl eines Rechens mit Stabform *a* und einem Durchflußverhältnis ε_1 (das von 0,63 abweicht) und ζ_{n_1} die gesuchte Widerstandszahl eines Rechens mit diesem Durchflußverhältnis ε_1, aber mit der Stabform *n*, so ist für einen bestimmten Anströmwinkel α auf Grund der gemachten Annahme näherungsweise auch

$$\zeta_{n_1} / \zeta_{a_1} = \sigma.$$

ζ_{a_1} kann für ein beliebiges Durchflußverhältnis ε_1 und einem beliebigen Anströmwinkel α aus Abb. 18 entnommen bzw. interpoliert werden. Abb. 13 ergibt für diesen Anströmwinkel α und eine beliebig gewählte Stabform die Verhältniszahl σ. Das Produkt $\zeta_{a_1} \cdot \sigma$ ist dann näherungsweise die gesuchte Widerstandszahl.

Beispiel: Es soll für den Rechen mit Stabform *c*, dem Durchflußverhältnis $\varepsilon = 0,83$ und bei einem Anströmwinkel $\alpha = 60^0$ die Widerstandszahl ζ_c bestimmt werden. Für $\alpha = 60^0$ und $\varepsilon = 0,83$ ergibt sich aus Abb. 18 für ζ_a der Wert 3,63 und aus Abb. 13 für $\alpha = 60^0$ und Stabform *c* die Verhältniszahl $\sigma = 0,66$. Somit ist:

$$\zeta_c = \zeta_a \cdot \sigma = 0,66 \cdot 3,63 = 2,40.$$

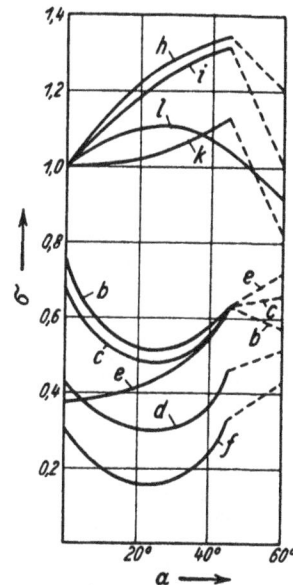

Abb. 13.

Zur Kontrolle obiger Annahme wurde der Verlust eines Rechens mit Stabform c und $\varepsilon = 0,83$ bestimmt. Derselbe lenkt bei $\alpha = 60^{\circ}$ die Strömung noch fast vollkommen um. Die bei diesem Anströmwinkel ermittelte Widerstandszahl $\zeta_c = 2,28$ ist gegenüber der im Beispiel angegebenen, aus den Schaubildern entnommenen um rund 5% kleiner. Diese Übereinstimmung kann für praktische Zwecke als genügend angesehen werden und stützt die Annahme, daß allgemein die Abweichungen innerhalb des untersuchten Bereiches von ε nicht erheblich sind.

V. Schlußbemerkungen.

1. Bei gerader Anströmung ist der Rechenverlust (Energieverlust) nach den Untersuchungen von Kirschmer um rund 5% kleiner als der Verlust, der sich aus dem Unterschiede der Wasserspiegellagen vor und nach dem Rechen ergibt, denn die Zu- und Abflußgeschwindigkeiten sind der Größe nach ungefähr gleich. Bei schräger Anströmung dagegen sind die Größenunterschiede der Geschwindigkeiten so bedeutend, daß Energie und Gefällsverluste nicht mehr annähernd gleich sein können; es kommt sogar bei Rechen mit kleinem Widerstande vor, daß der Wasserspiegel nach denselben höher steht als vor den Rechen.

Im allgemeinen interessiert hauptsächlich der bisher behandelte Energieverlust des Rechens. Der am Rechen eines Kraftwerkes stehende Beobachter sieht jedoch unmittelbar nur den Höhenunterschied der beiden Wasserspiegel, über den noch einige Angaben gemacht werden sollen. Bei der Beobachtung muß allerdings beachtet werden, daß der Wasserspiegel unmittelbar hinter dem Rechen immer tiefer steht als der maßgebende Wasserspiegel 0,5 bis 1 m weiter abwärts. Bezeichnet man den Höhenunterschied mit Δ, so ist

$$\Delta = h_w - \frac{v_1^2 - v^2}{2g} = \zeta \cdot \frac{v^2}{2g} - \frac{v_1^2 - v^2}{2g}.$$

(v_1 = Geschwindigkeit v o r dem Rechen, v = Geschwindigkeit n a c h dem Rechen).

Beschränkt man sich auf die Fälle, bei denen die Wassertiefe groß ist im Vergleich zu Δ, so kann man mit großer Annäherung

$$v_1 = \frac{v}{\cos \alpha}$$

setzen. Die obige Gleichung geht dann über in

$$\Delta = \frac{v^2}{2g}\left(\zeta - \frac{1}{\cos^2 \alpha} + 1\right) = \psi \cdot \frac{v^2}{2g}.$$

ψ ist hierbei ein für den Höhenunterschied der Wasserspiegel maßgebender Zahlenbeiwert, der sich wie auch ζ mit dem Durchflußverhältnis ε, der Stabform und dem Anströmwinkel α des Rechens ändert. Aus Abb. 14 kann ψ für Rechen mit Stabform a und verschiedenem ε und aus Abb. 15 für Rechen mit den Stabformen a bis k und $\varepsilon = 0,63$ bei verschiedenen Anströmwinkeln α entnommen werden. Für negative Werte von ψ steht der Wasserspiegel nach dem Rechen höher als vor demselben.

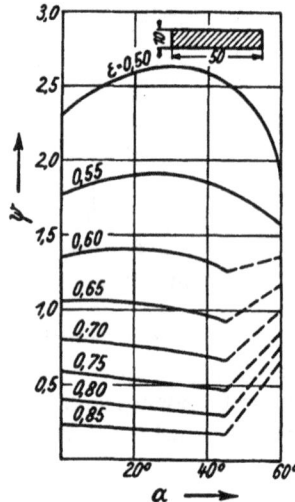

Abb. 14.

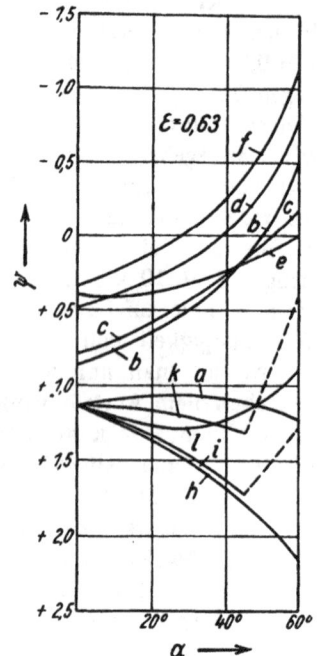

Abb. 15.

2. Einer späteren Arbeit bleibt es vorbehalten, unsymmetrische Stabformen, die bei schrägem Zulauf günstig sein können, zu untersuchen. Solche Profile wurden vorerst nicht berücksichtigt, da es in den meisten Fällen als nicht zweckmäßig erscheint, für gerade und schräge Anströmung verschiedene Stabformen zu verwenden. In besonderen Fällen jedoch, wie z. B. bei Anordnung

der Turbinen in einem sog. Prüßmann-schen Pfeiler (Abb. 16) führt die Verwendung symmetrischer oder sogar rechteckiger Stabprofile zu schweren Nachteilen; es hat sich gezeigt, daß der Wassereintritt in die am meisten flußaufwärts stehenden Turbinenkammern mit sehr großen Verlusten verknüpft ist. Bei einer bekannten Anlage beispielsweise leistete die erste Turbine 20% weniger als die am meisten stromabwärts gelegene, gleich große Turbinen[1]).

Durch eine gekrümmte Form der Stabprofile dürften sich die Verluste stark vermindern lassen.

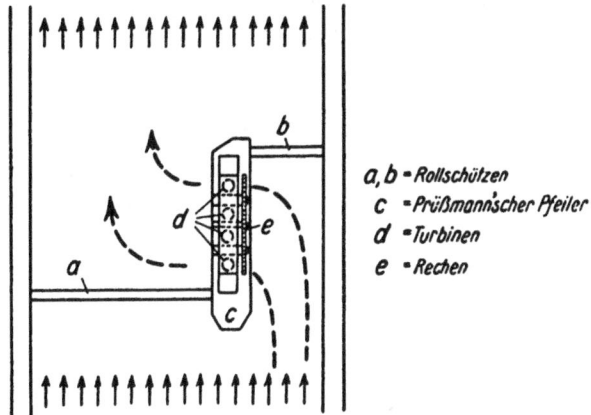

a, b = Rollschützen
c = Prüßmann'scher Pfeiler
d = Turbinen
e = Rechen

Abb. 16.

VI. Zusammenfassung der Versuchsergebnisse.

(Einschließlich der Ergebnisse von Kirschmer.)

Für verschiedene Rechen wurden bei vier Anströmwinkeln die Energieverluste bis zu einer mittleren Geschwindigkeit nach denselben von $v = 0,72$ m/s bei einer Wassertiefe von etwa 1 m durch Versuch bestimmt. Die bei 1 m Wassertiefe gewonnenen Versuchsergebnisse dürfen jedoch auch bei größeren Wassertiefen unbedenklich angewendet werden. Innerhalb des untersuchten Bereiches von v nimmt der Rechenverlust h_w proportional mit dem Quadrat der Abströmgeschwindigkeit zu. Die Größe des Rechenverlustes errechnet sich aus der Gleichung

$$h_w = \zeta \cdot \frac{v^2}{2\,g},$$

wobei ζ, die Widerstandzahl des Rechens, einem Schaubilde entnommen werden muß[2]). ζ ändert sich mit der Stabform, dem Anströmwinkel α und dem Durchflußverhältnis ε des Rechens (mit ε ist das Verhältnis $\frac{b}{s+b}$ bezeichnet worden).

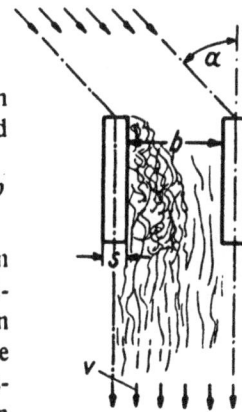

Abb. 7 a.

In Abb. 18 ist die Widerstandzahl ζ_a für rechteckige Stäbe 10×50 mm in Abhängigkeit vom Anströmwinkel α bei verschiedenen Durchflußverhältnissen ε dargestellt. (Dieses Schaubild wurde durch graphische Interpolation der in Zahlentafel 2 angegebenen Versuchswerte erhalten.) Die Ergebnisse einer mit den Stabformen der Abb. 17 bei $\varepsilon = 0,63$ ausgeführten Versuchsreihe können aus Abb. 19 entnommen werden. Die Abb. 20 und 21 zeigen auf Grund einer Annahme (S. 57 ff.) für Rechen mit den Durchflußverhältnissen $\varepsilon = 0,7$ und $\varepsilon = 0,8$ und den untersuchten Stabformen die Abhängigkeit von ζ mit α.

Überdies kann für gerade Anströmung ($\alpha = 0^0$) die Widerstandzahl ζ aus der Gleichung

$$\zeta = \beta \left(\frac{1-\varepsilon}{\varepsilon} \right)^{4/3}$$

---

[1]) Gleichmann, Berichte zur Weltkraftkonferenz, London 1924, Band II, S. 184.
[2]) Für rechteckige Stäbe 10×50 mm läßt sich auch für schräge Anströmung eine Gleichung für ζ aufstellen; sie ist aber für den praktischen Gebrauch zu umständlich, so daß es günstiger ist ζ in einem Schaubilde darzustellen.

errechnet werden[1]). β ein Zahlenbeiwert, der die Stabform berücksichtigt, muß für die untersuchten Profile der folgenden Zahlentafel entnommen werden:

Stabform	a, h, i, k, l	b	c	d	e	f	g
β	2,34	1,77	1,60	1,0	0,87	0,71	1,73

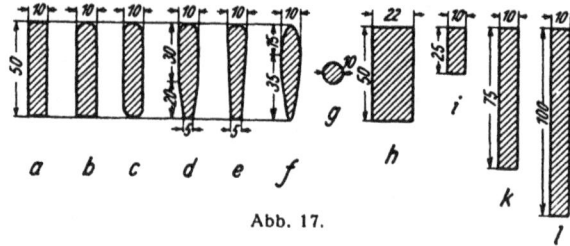

Abb. 17.

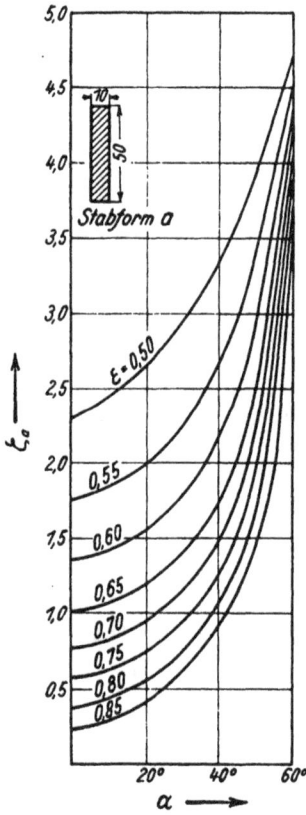

Abb. 18.

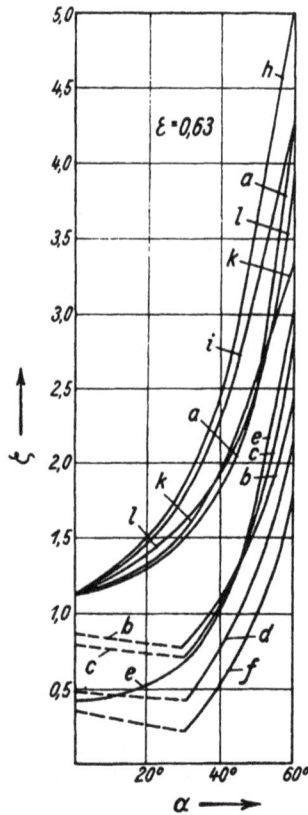

Abb. 19.

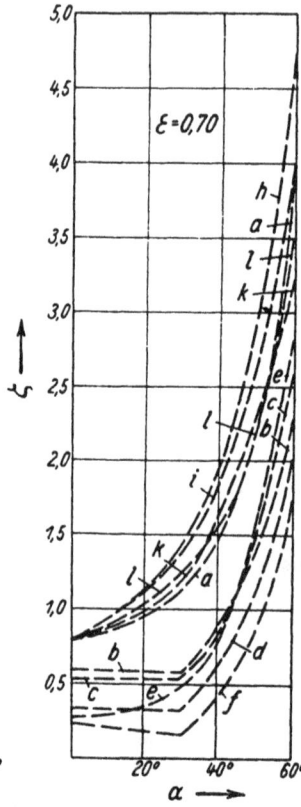

Abb. 20.

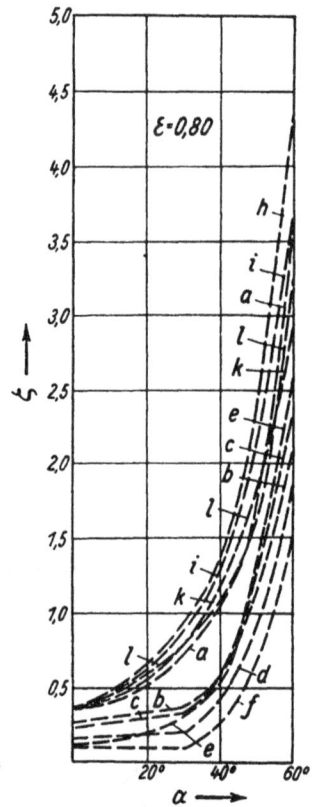

Abb. 21.

Alles bisher Gesagte gilt für vertikalstehende Rechen. Bei geneigter Aufstellung nimmt bei gerader Zuströmung der Verlust ab wie der Sinus des Neigungswinkels[2]), bei der üblichen nicht großen
Neigung also nur wenig; bei schräger Anströmung darf ein ähnliches Verhalten erwartet werden.

---

[1]) In der von Kirschmer angegebenen Gleichung

$$h_w = \beta \, (s/b)^{4/3} \cdot \frac{v_1^{\,2}}{2\,g} \quad (v_1 = \text{Anströmgeschwindigkeit})$$

entspricht $\beta \, (s/b)^{4/3}$ der Widerstandszahl ζ. Bezieht man dieselbe auf die Abströmgeschwindigkeit, so bleibt
die Form der Gleichung erhalten, es ändert sich nur der Absolutwert von β. Setzt man, wie aus $\varepsilon = \dfrac{b}{s+b}$
folgt, $s/b = \dfrac{1-\varepsilon}{\varepsilon}$, so ergibt sich obiger Ausdruck für ζ.

[2]) Kirschmer, Mitteilungen des Hydraulischen Instituts der Techn. Hochschule München, Heft I, S. 39.

Untersuchungen über den Verlust in rechtwinkeligen Rohrverzweigungen.

Von G. Vogel, z. Zt. Braunschweig.

In dem ersten Heft der Mitteilungen ist über Versuche an T-Stücken berichtet worden, bei denen der Durchmesser des Abzweigrohres kleiner war (15 bzw. 25 mm) als der Durchmesser des Hauptrohres (43 mm). Im folgenden wird im Anschluß daran über Versuche an T-Stücken berichtet, bei denen das Abzweigrohr denselben Durchmesser hatte wie das Hauptrohr (43 mm); die Versuche wurden im Hydraulischen Institut mit derselben Versuchseinrichtung durchgeführt wie die früheren Versuche, und auch mit demselben Formstück, nachdem dessen Abzweig durch Aufbohren auf 43 mm Durchmesser gebracht worden war.

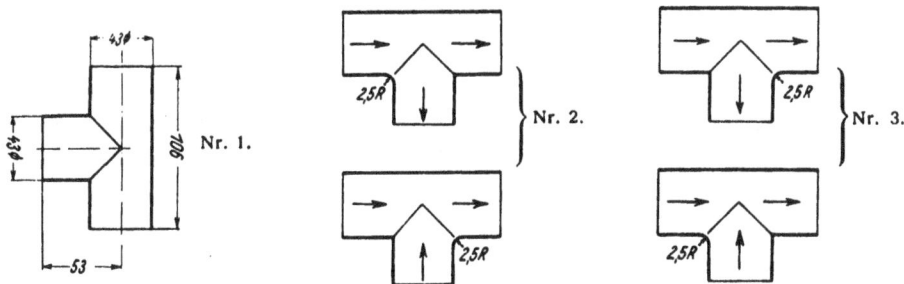

Abb. 1. Untersuchte Formen und Strömungsrichtungen.

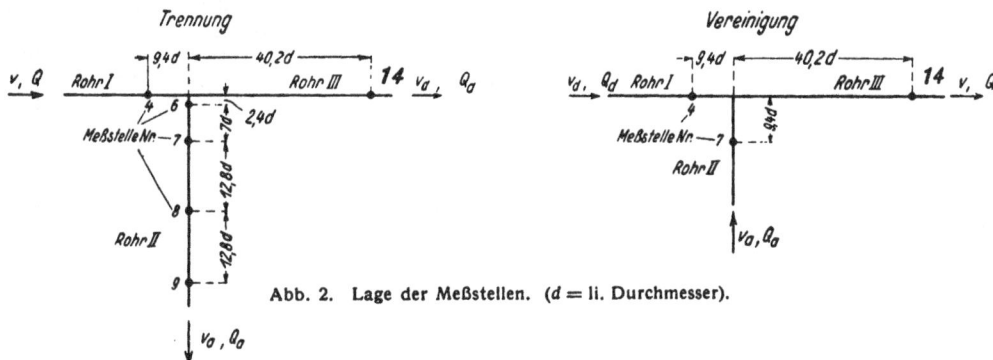

Abb. 2. Lage der Meßstellen. (d = li. Durchmesser).

Die untersuchten Formen der Anschlußstelle sind in Abb. 1 schematisch dargestellt. Die in den Diagrammen (Abb. 3 und 4) mit 1 bezeichneten Kurven beziehen sich auf den Fall, daß die Anschlußstelle scharfkantig ist (Nr. 1 in Abb. 1). Nach Durchführung dieser Versuche wurde an einem der beiden Zweige der Durchdringungskurve eine Abrundung vorgenommen; je nach der Lage der abgerundeten Kante zur Strömungsrichtung ergaben sich dann verschiedene hydraulische Verhältnisse. Zuerst wurde das Formstück in der hydraulischen jeweils günstigen Stellung (Nr. 2 in Abb. 1) untersucht; die in den Diagrammen mit 2 bezeichneten Kurven beziehen sich auf diese Fälle. Schließlich wurden auch die hydraulisch ungünstigeren Stellungen untersucht (Nr. 3 in

Abb. 1, Kurven 3 der Diagramme). Der Fall, daß Abrundungen an beiden Zweigen der Durchdringungskurve vorgenommen sind, mußte ebenso wie die Ausdehnung der Untersuchung auf
größere Abrundungsradien, späteren Versuchen vorbehalten werden.

Die Bezeichnungen (s. Abb. 2) sind wie früher:

v = gemeinsame Wassergeschwindigkeit $= Q/F$ (d. i. bei Trennung in Rohr I, bei Vereinigung in Rohr III);

v_a = Wassergeschwindigkeit im Abzweigrohr $= \dfrac{Q_a}{F_a}$ (Rohr II);

v_d = Wassergeschwindigkeit im Hauptrohr $= \dfrac{Q_d}{F_d}$ in m/s (bei Trennung in Rohr III, bei
Vereinigung in Rohr I);

h_{Wa} = Verlust an hydraulischer Höhe = Druckhöhenverlust $+$ Änderung der Geschwindigkeitshöhe für das aus dem Abzweigrohr austretende bzw. in dasselbe eintretende
Wasser, abzüglich Wandreibungsverlust;

h_{Wd} = Verlust an hydraulischer Höhe für das geradeausströmende Wasser, abzüglich Wandreibungsverlust;

ζ_a = Widerstandszahl für das Abzweigwasser;

ζ_d = Widerstandszahl für das geradeausströmende Wasser.

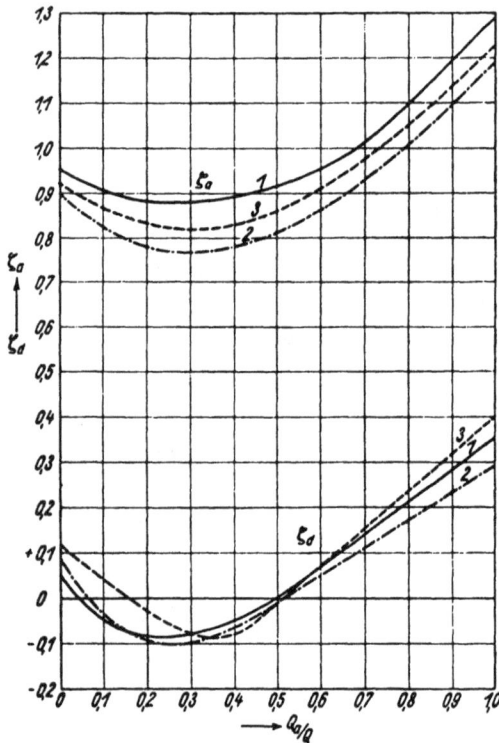

$$\zeta_a = \frac{h_{Wa}}{v^2/2\,g}$$

$$\zeta_d = \frac{h_{Wd}}{v^2/2\,g}.$$

Die Druckmessungen wurden bei Trennung
der Wasserströme an den Meßstellen 4, 9 und 14,

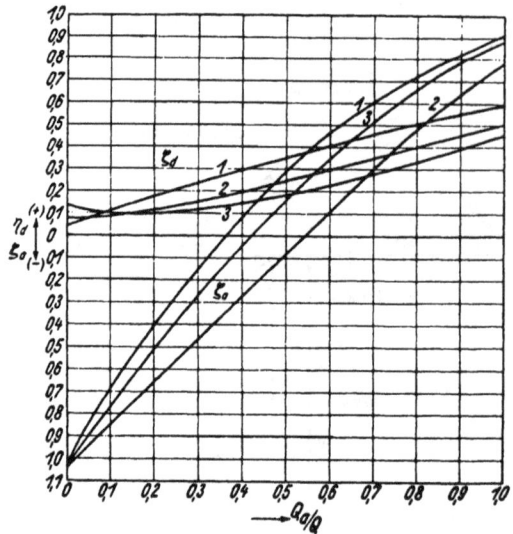

Abb. 3. Widerstandszahlen für Trennung.   Abb. 4. Widerstandszahlen für Vereinigung.

bei Vereinigung an den Meßstellen 4, 7 und 14 vorgenommen, deren Lage aus Abb. 2 entnommen
werden kann. Von den gemessenen Druckunterschieden wurden, wie früher, die durch die Wandreibung verursachten Verluste in Abzug gebracht.

Bei den vorliegenden Versuchen wurde ebenso wie bei den früheren gefunden, daß die Verluste h_{Wa} und h_{Wd} innerhalb der durch die Meßgenauigkeit gegebenen Grenzen bei gleichbleibendem Wassermengenverhältnis $\dfrac{Q_a}{Q}$ proportional dem Quadrat der Durchflußmengen zunehmen;

die Widerstandzahlen ζ_a und ζ_d können daher auch hier als Funktionen von $\frac{Q_a}{Q}$ allein angegeben werden. In Abb. 3 sind die Widerstandzahlen für Trennung, in Abb. 4 für Vereinigung, je für die drei erwähnten Fälle, angegeben[1]).

Bemerkenswert ist der Umstand, daß für das gerade ausströmende Wasser der Verlust durch die Abrundungen etwas vergrößert wird. Ferner ist zu bemerken, daß durch die, allerdings nur

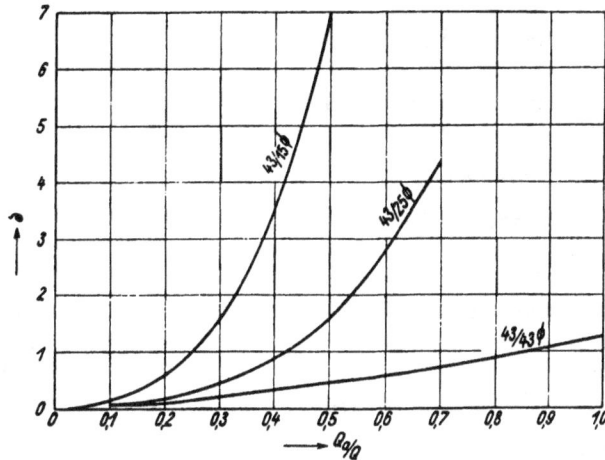

Abb. 5. Gesamte Verlustleistung bei Trennung, bezogen auf die sekundlich zuströmende kinetische Energie, für scharfkantigen Anschluß.

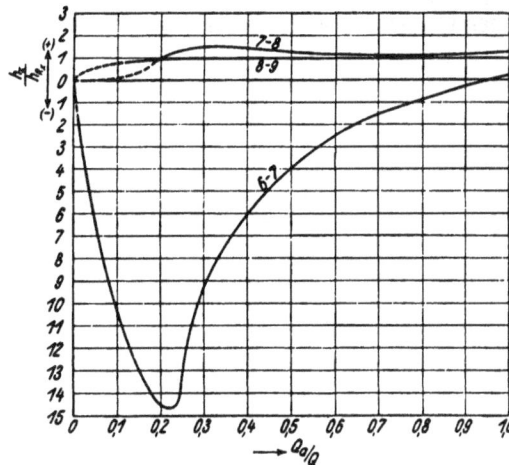

Abb. 6. Druckhöhenunterschiede in den einzelnen Meßstrecken, bezogen auf die betreffende Reibungsverlusthöhe.

geringen, Abrundungen eine sehr einschneidende Verringerung der Verluste bei kleinem Verhältnis $\frac{Q_a}{Q}$ erreicht wird.

Um über die Abhängigkeit der Verluste von dem Durchmesser des Abzweigrohres ein Bild zu gewinnen, wurde für den Fall der Trennung die gesamte Verlustleistung für die verschiedenen

---

[1]) Bemerkung des Herausgebers: Trotz größter Vorsicht war es nicht möglich, das Rosten des aus Gußeisen bestehenden Formstückes und der Stahlrohre vollständig zu verhindern. Es ist deswegen mit der Möglichkeit zu rechnen, daß die bei den einzelnen Versuchsreihen ermittelten Widerstandsbeiwerte mit kleinen systematischen Fehlern behaftet sind. Eine Wiederholung der Versuche mit Formstück und Rohren aus nicht rostendem Baustoff wird beabsichtigt.

Verhältnisse $\frac{Q_a}{Q}$ ausgerechnet und als Bruchteil der sekundlich in das T-Stück eintretenden kinetischen Energie ausgedrückt. Diese Werte

$$\varrho = \frac{\gamma\, h_{Wa} \cdot Q_a + \gamma\, h_{Wd}\, Q_d}{\gamma\, Q\, v^2/2\, g} = \zeta_a\, \frac{Q_a}{Q} + \zeta_d \left(1 - \frac{Q_a}{Q}\right)$$

sind unter Mitbenützung der früheren Versuche in Abb. 5 dargestellt, und zwar in allen Fällen für scharfkantigen Anschluß.

Während der mit Trennung der Wasserströme angestellten Versuche wurden Druckmessungen nicht nur an der für die Berechnung der Verluste gewählten Meßstelle 9, sondern auch noch an dem im Abzweigrohr gelegenen anderen Meßstellen 6, 7 und 8 (siehe Abb. 2) ausgeführt. Die zwischen diesen Meßstellen gemessenen Druckunterschiede sind in Abb. 6 für die verschiedenen Verhältnisse $\frac{Q_a}{Q}$ als Bruchteil des rechnungsmäßig auf die Wandreibung allein entfallenden Druckunterschiedes dargestellt. Besonders auffallend ist der Umstand, daß der Druck an der Meßstelle 6 fast für alle Verhältnisse $\frac{Q_a}{Q}$ erheblich niedriger ist als der Druck an der folgenden Meßstelle 7. Der Druckanstieg auf der Rohrstrecke 6—7 ist fraglos durch die hier eintretende Vermischung des kontrahierten Strahles mit dem Totwasser zurückzuführen. Wenn man die Verluste durch Messung des Druckes unmittelbar hinter dem Abzweig, etwa an der Meßstelle 6, bestimmen würde, würde man offenbar ganz falsche, nämlich zu große Verluste messen. Der Verlauf des Druckes auf der Strecke 8—9 ist, außer bei ganz kleinen Verhältnissen $\frac{Q_a}{Q}$, nicht merklich von dem rechnungsmäßig ermittelten Reibungsverlust verschieden; die Messungen bei den kleinen Abzweigverhältnissen sind jedoch infolge des geringen Betrages der Druckunterschiede verhältnismäßig ungenau, so daß das Vorhandensein einer Nachwirkung in dieser Strecke nicht sichergestellt ist.

Fehlerquellen bei der Überfallmessung.

Vorläufige Mitteilung von **R. Hailer.**

Die im folgenden kurz erwähnten Versuche wurden in Meßgerinnen mit vollkommenem Überfall ohne Seitenkontraktion ausgeführt. Der Wehrkörper bestand aus lotrechter Tafel mit zugeschärfter Überfallkante, und der Raum zwischen Strahldecke und Unterwasser stand mit der Außenluft in Verbindung. Die sekundlich über die Wehrtafel abstreichende Wassermenge wurde durch Wägung (Zeitmessung mittels Bandchronographen) mit einer Genauigkeit von ungefähr $0,4^0/_{00}$ bestimmt. Im Verhältnis zu dieser Genauigkeit war die Messung der Überfallhöhe mittels Oberflächenspiegeltaster weniger scharf. Der wahrscheinliche Ablesefehler dieses Instrumentes kann mit 0,05 mm angenommen werden, so daß sich für die mittlere Überfallhöhe von 100 mm ein wahrscheinlicher Fehler von $0,5^0/_{00}$ der Überfallhöhe und der wahrscheinliche Fehler des Beiwertes aus dieser Ursache zu $0,75^0/_{00}$ errechnet. Somit würde eine Streuung des Überfallbeiwertes von etwa $1^0/_{00}$ durch Meßfehler erklärbar sein. Die ausgeführten Versuche zeigen jedoch viel größere Abweichungen.

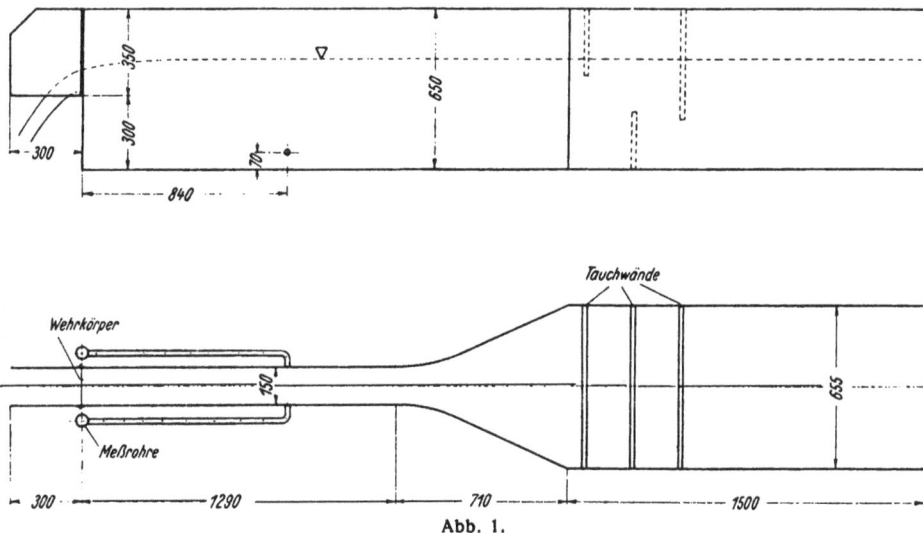

Abb. 1.

Reihe A: Versuche mit einem Blechgerinne.

Die Abmessungen dieses zu einer kleinen Turbinenversuchsanlage gehörigen Gerinnes sind aus Abb. 1 ersichtlich. Der durch Tauchwände beruhigte Wasserzufluß zum Meßwehre zeigte keine mit dem Auge wahrnehmbaren Ungleichmäßigkeiten. Die Ergebnisse der mit diesem Gerinne angestellten Versuche sind in Abb. 2 zusammengestellt. Die Versuchspunkte schließen sich ohne erkennbare Abhängigkeit von äußeren Beeinflussungen an vier verschiedene Kurven an.

Reihe B: Versuche mit einem Glasgerinne.

Zur eingehenden Untersuchung dieser Verhältnisse wurden die Versuche an einem neuen Meßgerinne, dessen Seitenwände im Bereich des Wehrkörpers durch Spiegelglastafeln ersetzt

waren, fortgeführt (Abb. 3). Im Zufluß waren auch jetzt, sowohl mit wie ohne Beruhigungseinbauten, keinerlei Ungleichmäßigkeiten festzustellen. Die Belüftung geschah durch zwei Rohre

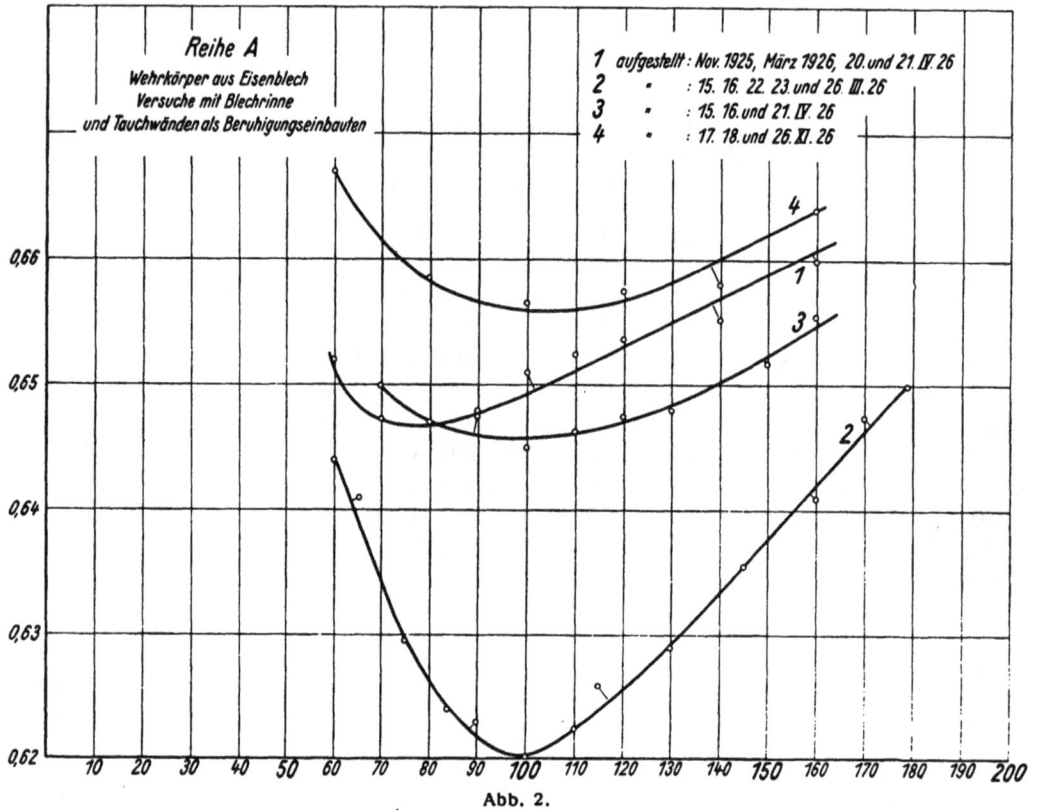

Abb. 2.

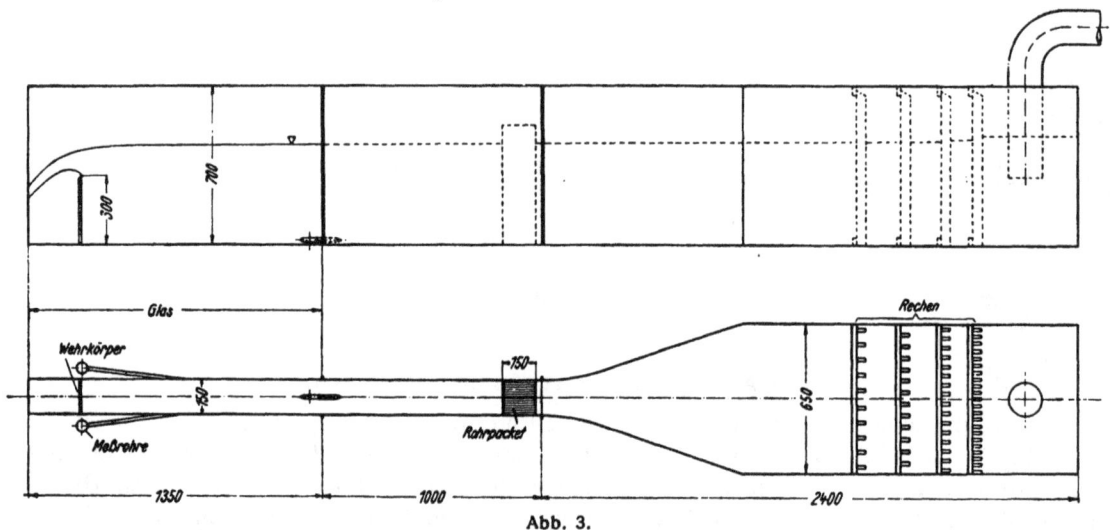

Abb. 3.

mit einem lichten Gesamtquerschnitt von 8,8 cm² und konnte als ausreichend gelten, da nach
vorübergehendem Versperren des einen Rohres keine Änderungen eingetreten waren.

I. Das Resultat der Versuchsgruppe I, die mit einer messerscharf zugeschliffenen Glastafel
als Wehrkörper und ohne jede Einbauten im Zulauf durchgeführt wurde, ist in Abb. 4 zusammen-

gestellt. Die Streuung des Überfallbeiwertes ist gegenüber den Versuchen mit dem Blechgerinne bedeutend zurückgegangen. Auch hier schließen sich die Punkte — weniger ausgeprägt als bei Reihe A — an drei verschiedene Kurven an. Die während eines Versuches aufgenommenen Punkte

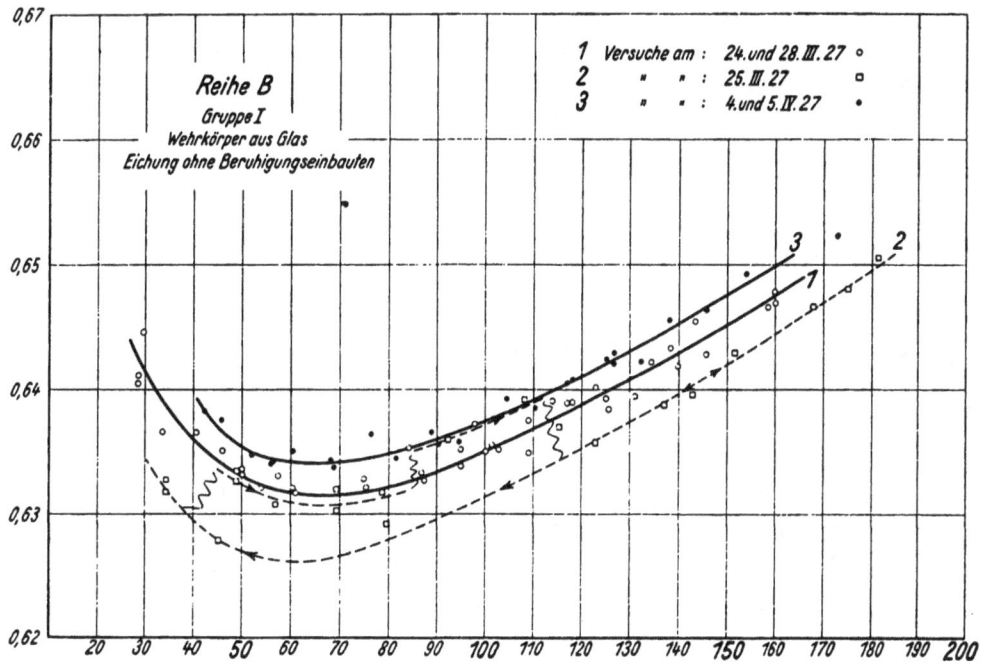

Abb. 4.

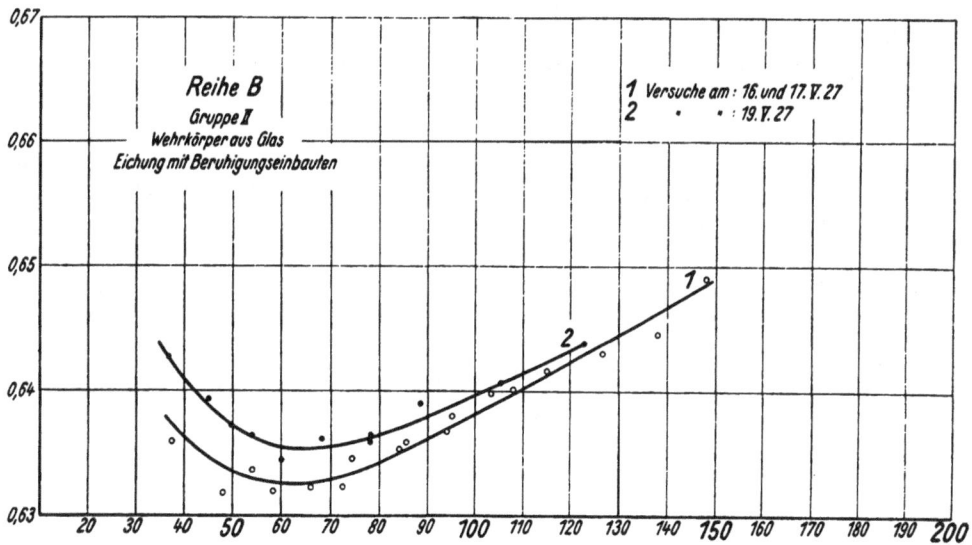

Abb. 5.

gehörten im allgemeinen stets derselben Kurve an. Einige Male jedoch wurde deutlich das vorübergehende Überspringen des Beiwertes auf andere Kurven beobachtet. Ein solcher Versuch ist in Abb. 4 durch die punktierte Kurve dargestellt. Mit wachsendem Q trat der Wechsel ein, mit fallendem Q zeigte sich der normale Verlauf.

II. Der Einbau von vier Holzrechen im breiten Teile des Gerinnes (s. Abb. 3) und einem besonders stark wirkenden Beruhigungswiderstand 1,90 m vor dem Wehr, bestehend aus einem Rohrpaket 150 mm langer Messingrohre von 9 mm lichtem Durchmesser, ergab die Anordnung für Gruppe II. Diese Versuche (Abb. 5) zeigen eine erheblich kleinere Streuung der Überfallbeiwerte, die jedoch nicht mit Meßfehlern allein erklärt werden kann.

III. Nach Belassung sämtlicher Beruhigungseinbauten, aber Ersatz des gläsernen Wehrkörpers durch eine Messingtafel, deren Schneide eine 45°-Schrägung besaß und auf 1 mm Breite wagerecht abgestumpft war, wurde die Gruppe III in Angriff genommen. Das Resultat, in Abb. 6

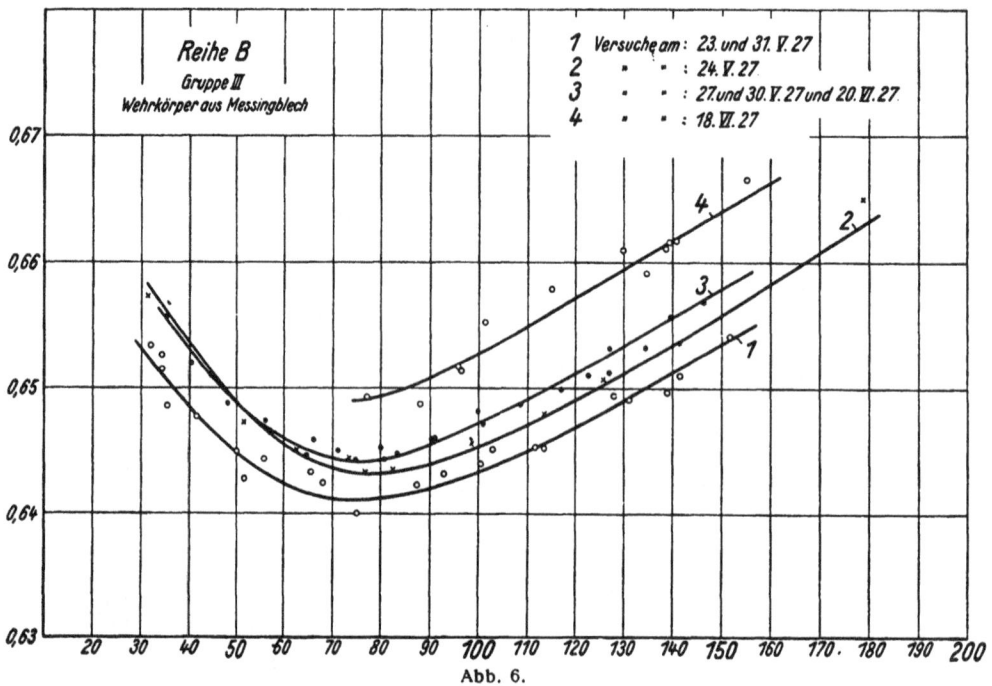

Abb. 6.

zusammengestellt, zeigt wieder eine erheblich größere Streuung. Ob diese Unterschiede mit dem Wechsel des Materials am Wehrkörper zu begründen sind, oder mit der abweichenden Form der Überfallkante, ist noch nicht mit Sicherheit bestimmt.

Es besteht die Möglichkeit, daß die Überfallbeiwerte mit wachsender Wehrbreite nicht derartig starken Änderungen unterworfen sind. Immerhin mahnen diese Versuche zur Vorsicht bei der praktischen Anwendung der Überfallmessung und erklären wohl auch zum Teil die erheblichen Unterschiede der von den verschiedenen Forschern angegebenen Werte.

Abb. 7.

Die Veränderlichkeit bzw. die große Empfindlichkeit des Überfallbeiwertes gegen kleine Änderungen im Strömungszustand des zufließenden Wassers ist vermutlich durch die Verzögerung der Strömung in den tieferen Schichten vor der Wehrtafel bedingt. In diesen Raum, in dem höherer Druck herrscht, können die durch Reibung verzögerten Randschichten nicht glatt hineinlaufen; diese sammeln sich vielmehr vor der Wehrtafel an und strömen in Ballen unregelmäßig über das Wehr ab (Abb. 7). An der Grenze zwischen den verzögerten zusammengeballten Randschichten und dem lebendigen Strome ist Energie für das Entstehen von Wirbeln verfügbar. Färbungsversuche in dem Glasgerinne haben diese von Prof. Thoma ausgesprochene Vermutung bestätigt.

Der Ersatz der senkrechten Wehrtafel durch eine solche mit starker Neigung, die gegenwärtig untersucht wird, kann hier möglicherweise Abhilfe schaffen[1]).

IV. Einfluß der Höhe des Unterwasserspiegels: Der Umstand, daß die Überfallbeiwerte während eines Versuches in den meisten Fällen keine Unregelmäßigkeiten zeigten, ermöglichte es, den bisher nicht genau bekannten Einfluß eines Rückstaues im Unterwasser zu untersuchen.

Diese Versuche, die mit Wehrkörpern aus Glas wie auch aus Messing ausgeführt wurden, zeigten folgendes Ergebnis: So lange der Unterwasserspiegel den von der Überfallkante abspringenden Strahl nicht berührt und für eine ausreichende Belüftung gesorgt ist, ist ein Einfluß mit der vorliegenden Versuchseinrichtung nicht wahrnehmbar. Wenn man die durch Häufung der Beobachtungen erreichte Erhöhung der Genauigkeit berücksichtigt, darf als sichergestellt gelten, daß der Einfluß des Rückstaues bei Erfüllung der erwähnten Bedingungen kleiner ist als $1^0/_{00}$. Dieses Ergebnis erleichtert die praktische Anwendung von Meßüberfällen auch da, wo nur wenig Gefälle zur Verfügung steht.

---

[1]) Bemerkung bei der Korrektur: Bei einer Wehrtafel mit starker Neigung — Steigungswinkel 1:3 — ergab sich bei Überfallhöhen über 75 mm eine Streuung der Überfallbeiwerte von nur $3^0/_{00}$; bei kleinen Überfallhöhen war die Streuung größer, und es wurde auch festgestellt, daß dann ein ganz feiner Überzug von Fett auf der Überfallkante die Beiwerte um etwa $8^0/_{00}$ erniedrigte (bei 50 mm Überfallhöhe). Bei Überfallhöhen über 75 mm war ein Einfluß der Befettung nicht mehr feststellbar.

Neue Untersuchungen über den Druckverlust in Rohrkrümmern.

Vorläufige Mitteilung von **A. Hofmann.**

Die zahlreichen bisher bekannten Untersuchungen über den Verlust in 90°-Rohrkrümmern haben zu sehr stark voneinander abweichenden Ergebnissen geführt. Diese Abweichungen sind wahrscheinlich zu einem erheblichen Teil durch ungenaue Form der Krümmer und durch die verschiedene Wandrauhigkeit verursacht. Zur genauen Feststellung der Verluste mußten deswegen für die vorliegenden, von Professor Thoma angeregten, Versuche Krümmer mit bearbeiteten Innenwänden verwendet werden; die Bearbeitung war auch deswegen erwünscht, weil die damit erreichbare Glattheit der Wände eine besonders gut definierte Wandbeschaffenheit ergibt, und weil sorgfältig ausgeführte große Krümmer ebenfalls eine sehr kleine relative Rauhigkeit aufweisen können; die Feststellung des Einflusses verschiedener Wandrauhigkeiten muß einer besonderen Untersuchung vorbehalten bleiben, für welche die Kenntnis der Verluste bei glatter Wand Voraussetzung ist. Nach verschiedenen erfolglosen Versuchen wurde bei der Münchener Firma Friedrich Deckel eine Werkstätte gefunden, welche die aus Rotguß hergestellten, in der Krümmungsebene geteilten, Formstücke durch Fräsen außerordentlich genau zu bearbeiten verstand; der größte Krümmer ($R = 10\,d$), für dessen Bearbeitung die Einrichtungen der Firma Deckel nicht mehr ausreichten, wurde in dem Reichsbahnausbesserungswerk München fast ebensogut bearbeitet.

Die Krümmer hatten bei 43 mm lichtem Rohrdurchmesser Krümmungsradien der Mittellinien gleich dem 1-, 2-, 4-, 6- und 10-fachen Rohrdurchmesser. Die geraden Rohrstrecken vor und hinter den Krümmern bestanden aus gezogenen Präzisions-Messingrohren; für besonders genauen Anschluß an die Flanschen war gesorgt. Die Druckmessungen wurden mit einem Quecksilber-Differentialmanometer vorgenommen; gemessen wurde an 5 Stellen vor und 4 Stellen hinter den Krümmern und der Druckabfall auf jeder einzelnen Meßstrecke bestimmt. Nach den Messungen mit den eingebauten Krümmern wurden diese durch gerade Rohrstücke ersetzt, deren Länge jeweils gleich der Länge der gestreckten Mittellinie des betreffenden Krümmers war, und dann die Messungen wiederholt; hierbei zeigte sich, daß erst in einem Abstande von etwa $50\,d$ hinter dem Krümmer die durch diesen hervorgerufenen Störungen abgeklungen sind. Die Verluste in der geraden Rohrstrecke, abgezogen von denen einer gleich langen, den Krümmer enthaltenden Rohrstrecke, ergaben den Krümmerverlust h_{kr}. Die Wassermessung erfolgte nach der im Institute üblichen Methode durch Wägung.

Aus der Formel $h_{kr} = \zeta \dfrac{v^2}{2g}$ wurde ζ für jeden Krümmer errechnet; dabei ergab sich, daß ζ mit wachsender mittlerer Wassergeschwindigkeit v etwas abnimmt. In dem folgenden Diagramm sind die ζ-Werte für $v = 4{,}25$ m/s in Abhängigkeit von dem Krümmungsverhältnis R/d angegeben, entsprechend einer Reynolds'schen Zahl $\dfrac{v \cdot d}{\nu} = 146\,000$. Die in dem Diagramm ebenfalls eingetragenen ζ-Werte früherer Untersuchungen beziehen sich auf Reynolds'sche Zahlen ähnlicher Größenordnung (130000 bis 160000). Die Versuche von Williams, Hubbel und Fenkel[1]) wurden an 12-, 16- und 30-zölligen Krümmern und Rohren der Detroiter Wasser-

---

[1]) Transactions of the American Soc. of C. E. Band 47, New York 1902. S. 185 ff.

leitung vorgenommen, diejenigen von Davis[1]) an zweizölligen Fittings und geschweißten Stahl-rohren. Schoder[2]) benutzte sechszöllige, schmiedeeiserne Rohre und gußeiserne bzw. aus Stahl-rohr gebogene Krümmer. Brightmore[3]) und Balch[4]) verwendeten beide bei ihren Versuchen dreizöllige Eisenrohre und gußeiserne, sowie stählerne Rohrkrümmer. Die Weisbach'schen Werte sind der Tabelle II auf S. 157 seines Buches: „Die Experimental-Hydraulik", Frei-berg 1855, entnommen; diese Versuche wurden, soweit feststellbar, mit Krümmern und Rohren von 1 cm Durchmesser vorgenommen. Auffallend klein erscheinen zunächst die ζ-Werte von Alexander[5]), dessen Versuche an zweiteiligen Holzkrümmern von $1^1/_4''$ Durchmesser, die innen sorgfältig geglättet waren, vorgenommen wurden; die Erklärung für die Kleinheit dieser ζ-Werte liegt darin, daß Alexander in einem Abstande von nur 3,2 Durchmesser vor und hinter den Krümmern gemessen hat, wodurch er nur einen Bruchteil des Gesamtverlustes gefunden hat, worauf er in seiner Arbeit selbst hinweist.

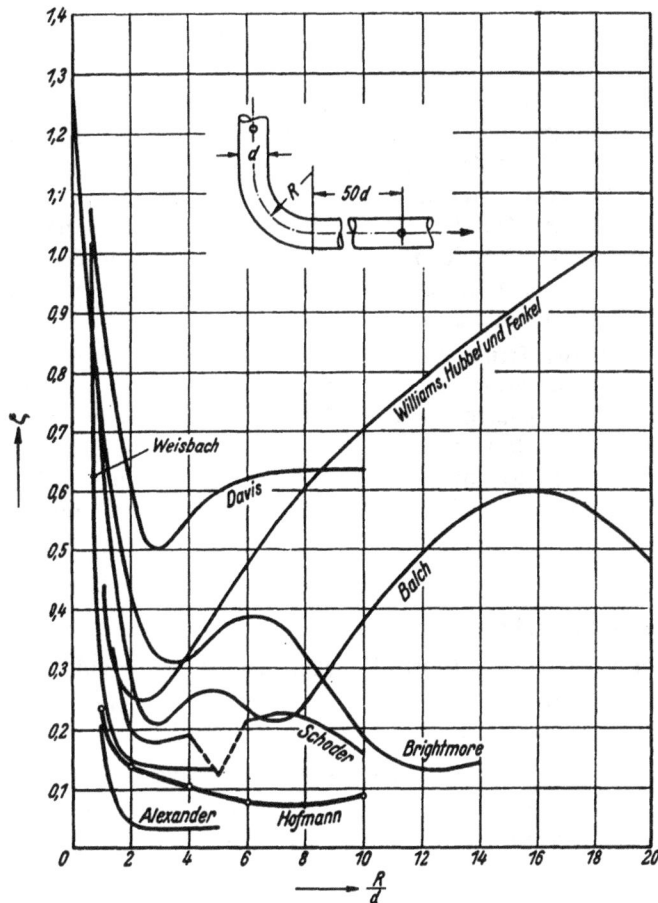

Die Versuche im Hydraulischen Institute werden mit den gleichen Rohren und Krümmern, aber mit erhöhter Wandrauhigkeit wiederholt werden; über ihre Ergebnisse wird später be-richtet werden.

[1]) Transactions of the American Soc. of C. E. Band 62, New York 1909. S. 97 ff.
[2]) Transactions of the American Soc. of C. E. Band 62, New York 1909. S. 67 ff.
[3]) Minutes of Proceedings of the Inst. of C. E. Band 169, London 1907. S. 315 ff.
[4]) Bulletin of the University of Wisconsin No. 578, Madison 1913.
[5]) Minutes of Proceedings of the Inst. of C. E. Band 159, London 1905. Seite 341 ff.

Verluste in Kniestücken.

Vorläufige Mitteilung von H. Kirchbach.

Die Versuche erstreckten sich auf Kniestücke und auf verschiedene durch Aneinanderreihung von Kniestücken gebildete Formstücke von 43 mm lichtem Durchmesser, welche aus Rotguß hergestellt und sorgfältig nach Toleranzlehren bearbeitet waren.

Vor und hinter den Kniestücken lagen je 3 m lange gerade Rohrstrecken aus kalibriertem gezogenem Messingrohr von ebenfalls 43 mm lichtem Durchmesser. Für genau zentrischen Anschluß war gesorgt.

Die Meßstelle zur Druckentnahme vor den Kniestücken befand sich 49 mm vor dem Eintrittsflansch des Kniestückes und damit, je nach der Art des Kniestückes, 97 bis 74 mm vor dem Schnittpunkt der Rohrachse mit der Knickebene bzw. (bei den Formstücken) mit der ersten Knickebene. Die Meßstelle hinter dem Kniestück lag 1100 bis 1077 mm hinter dem Schnittpunkt der Rohrachse mit der Knickebene. Durch Vorversuche war festgestellt worden, daß diese Entfernungen ausreichen, um einen Einfluß des Kniestückes auf die Druckanzeige der ersten Meßstelle auszuschließen und daß der Druckabfall in der auf die zweite Meßstelle folgenden geraden Rohrstrecke vom Knie nicht mehr beeinflußt war.

Durch Vorversuche wurden ferner die Reibungsverluste in der durch Fortnahme des Knies gebildeten geraden Leitung für verschiedene Wassergeschwindigkeiten bestimmt. Von den bei Einschaltung der Kniestücke beobachteten Druckhöhenunterschieden zwischen den beiden Meßstellen wurden die Reibungsverluste abgezogen, die danach in einem geraden Rohr von einer Länge gleich der auf der Mittellinie gemessenen Entfernung der beiden Meßquerschnitte entstehen und dadurch der durch das Knie verursachte Verlust $h_{w\,Knie}$ bestimmt. Daraus wurden die Widerstandsbeiwerte

$$\zeta = \frac{h_{w\,Knie}}{v^2/2\,g}$$

ermittelt (v = mittlere Geschwindigkeit).

Die Messungen wurden in einem Geschwindigkeitsbereich von rund 1 bis 7 m/s angestellt.

Für Geschwindigkeiten über etwa 2 m/s ist ζ fast unabhängig von v, während für kleinere Geschwindigkeiten sich bis etwa 50% größere Werte von ζ ergeben.

In der Abbildung sind die ζ-Werte für die großen Geschwindigkeiten angegeben.

Bei mehreren Kniestücken ergaben sich bei Wiederholung der Versuche Abweichungen der ζ-Werte, die einer Veränderlichkeit der Strömung zugeschrieben werden müssen. Obwohl es sich hier also vorwiegend nicht um Beobachtungsfehler, sondern um eine Veränderlichkeit der zu messenden Erscheinung selbst handelt, wurde die mittlere Größe der Abweichungen in der bei Beobachtungsfehlern üblichen Weise angegeben.

Der Widerstand eines 60°-Kniestückes ist größer als der Widerstand eines durch Aneinanderfügen eines 60°-Knies und eines 30°-Knies gebildeten Formstückes, worauf hier hingewiesen sei, damit der Leser nicht etwa einen Druckfehler vermute.

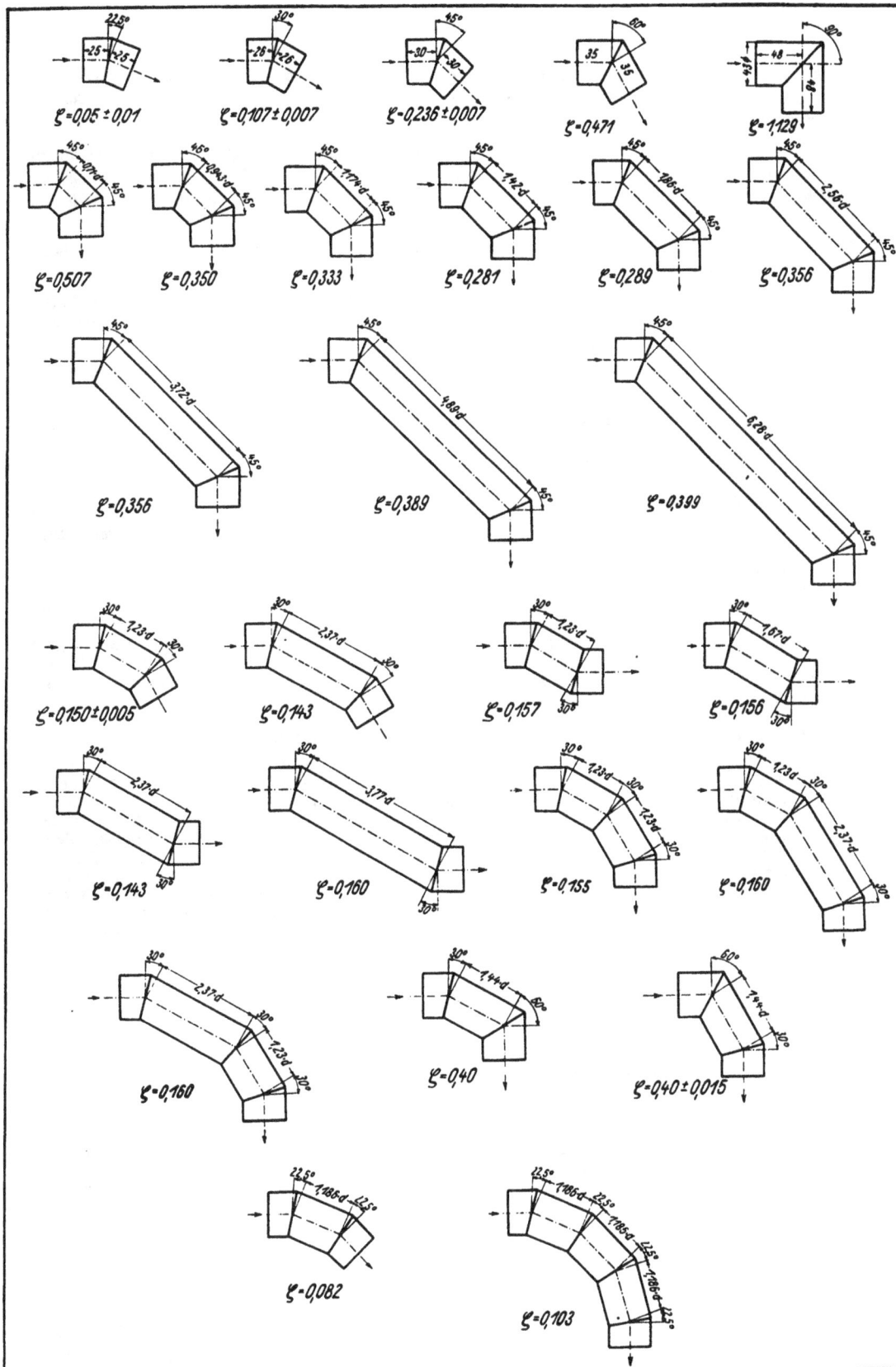

ζ = 0,05 ± 0,01 ζ = 0,107 ± 0,007 ζ = 0,236 ± 0,007 ζ = 0,471 ζ = 1,129

ζ = 0,507 ζ = 0,350 ζ = 0,333 ζ = 0,281 ζ = 0,289 ζ = 0,356

ζ = 0,356 ζ = 0,389 ζ = 0,399

ζ = 0,150 ± 0,005 ζ = 0,143 ζ = 0,157 ζ = 0,156

ζ = 0,143 ζ = 0,160 ζ = 0,155 ζ = 0,160

ζ = 0,160 ζ = 0,40 ζ = 0,40 ± 0,015

ζ = 0,082

ζ = 0,103

Mitteilungen des Hydraulischen Instituts der Technischen Hochschule München. Herausgegeben von Prof. Dr. D. T h o m a. Heft 1: 96 Seiten, 84 Abbildungen, 1 Tafel. Lex.-8°. Brosch. M. 5.80.

I n h a l t : R. Ammann, Zahnradpumpen mit evolventer Verzahnung — O. Kirschmer, Gefällsverluste an Rechen — G. Schütt, Bestimmung der Energieverluste bei plötzlicher Rohrerweiterung — D. Thoma, Genauigkeitsgrad d. Gibsonschen Wassermeßverfahrens — G. Vogel, Verluste in Rohrverzweigungen.

Mitteilungen des Forschungsinstituts für Wasserbau und Wasserkraft. Herausgeg. von Dr. O. Kirschmer. Heft 1: Erscheint Anfang 1928.

I n h a l t : Einleitung — Zweck der Versuche — Beschreibung des Absturzbauwerks I im Einzelnen. I. Die Modellversuche: Versuchsgerinne und Meßeinrichtungen — Ergebnisse der I., II. Versuchsreihe — Die Kolkversuche (III. Versuchsreihe). II. Die Versuche am ausgeführten Bauwerk u. ihr Vergleich mit den Modellversuchen (IV. Versuchsreihe): Die Überfallkoeffizienten — Die Kolkaufnahmen.

Ergebnisse der Aerodynamischen Versuchsanstalt zu Göttingen. (angegliedert dem Kaiser-Wilhelm-Institut für Strömungsforschung). Herausgegeben von Prof. Dr. L. P r a n d t l und Prof. Dr. A. B e t z.

L i e f e r u n g 1 : 3. Auflage, 144 Seiten, 91 Abbildungen, 2 Tafeln. Lex.-8°. 1925. Brosch. M. 8.—.

I n h a l t : Geschichtliche Vorbemerkungen — Beschreibung der Anlage der Versuchseinrichtungen — Einführung in die Lehre vom Luftwiderstand — Versuchstechnik — Versuchsergebnisse: 1. Experimentelle Prüfung der Umrechnungsformeln. 2. Der Einfluß des Kennwertes auf die Luftkräfte von Tragflügeln. 3. Untersuchungen über den Einfluß des Flügelumrisses, sowie einige Messungen mit verwundenen Flügeln. 4. Flügel mit rauher Druckseite. 5. Flügelprofiluntersuchungen. 6. Gegenseitige Beeinflußung von Tragfläche und Schraube. 7. Messungen bei verschiedener gegenseitiger Anordnung von Flügel und Rumpf. 8. Untersuchungen über den Reibungswiderstand von stoffbespannten Flächen. 9. Widerstandsmessungen an symmetrischen Profilen. 10. Untersuchung von 5 Flugzeugschwimmern. A n h a n g I : Werte der Dichte mittelfeuchter Luft. A n h a n g II : Werte der kinematischen Zähigkeit der Luft.

L i e f e r u n g 2 : 84 Seiten, 101 Abbildungen, Lex.-8°. 1923. Brosch. M. 6.—.

I n h a l t : Beschreibung des kleinen Windkanals — Beschreibung von Messeinrichtungen — Der induzierte Widerstand von Mehrdeckern — Versuchsergebnisse: 1. Experimentelle Prüfung der Berichtigungsformel für Flügel von großer Spannweite im Luftstrahl der Versuchsanstalt. 2. Untersuchung über den Einfluß der Aufhängungsorgane auf die Modellmessungen. 3. Versuche über den Luftwiderstand gerundeter und kantiger Körper. 4. Experimentelle Prüfung der aus der Mehrdeckertheorie folgenden Umrechnungsformen für Doppeldecker. 5. Der Einfluß der Erdbodennähe auf den Flügelwiderstand. 6. Messung der Druckverteilung an drei Eindeckerflächen und an einem Doppeldecker. 7. Messungen an Tragwerken mit Pfeilstellung und Verwindung. 8. Untersuchungen über Tragflügel mit unterteiltem Profil. 9. Untersuchung eines Wasserflugzeugmodelles. 10. Luftkräfte auf einen Stromlinienkörper mit rundem und quadratischem Querschnitt bei Schrägstellung. 11. Aufnahmen mit dem selbstaufzeichnenden Druckschreiber. 12. Strömungsaufnahmen.

L i e f e r u n g 3 : 172 Seiten, 149 Abbildungen, 276 Zahlentafeln. Lex.-8°. 1927. Brosch. M. 14.50, in Leinen geb. M. 16.50

I n h a l t : Theoretischer Teil — Neue Versuchseinrichtungen — Versuchsergebnisse: 1. Aufmaße der Flügelprofile. 2. Neuere Profiluntersuchungen. 3. Messungen von Joukowsky-Profilen. 4. Messung eines Profils bei Anstellwinkeln von 9 bis 360°. 5. Profilmessungen bei negativen Anstellwinkeln. 6. Messungen an Profilen mit abgeschnittener Hinterkante. 7. Profilwiderstände zweier dünner Profile bei verschiedenen Kennwerten. 8. Messungen an Flügeln mit Ausschnitten. 9. Untersuchungen an Flügeln mit Endscheiben. 10. Untersuchung eines Flügels mit geteiltem Profil. 11. Messungen an drei Höhenleitwerken. 12. Untersuchungen an Flügeln mit Klappen und Spalt. 13. Rauhigkeitseinflüsse an Tragflügeln. 14. Beeinflußung von Tragflügeln durch Motorengondeln. 15. Untersuchungen einiger Flugzeugmodelle: a) Segelflugzeug „Vampyr"; b) Segelflugzeug „Greif"; c) Schwanzloses Welten-Segler-Flugzeug; d) Rohrbach-Zweimotoren-Landflugzeug; e) Flugzeug mit Propeller. 16. Untersuchungen über Druckverteilungen an gestaffelten Flügelgittern. 17. Untersuchungen von Windrädern. 18. Winddruckmessungen an einem Gasbehälter. 19. Messungen von Brückenträgern. 20. Messungen von Profilträgern. 21. Untersuchungen von Windschutzgittern. 22. Untersuchungen an einem Schnellbahnwagen.

R. Oldenbourg • München 32 und Berlin NW 12